就 是 爱 住
零装感的家

Life Style
Elegant Simplicity at Home

漂亮家居编辑部 著

北京联合出版公司
Beijing United Publishing Co.,Ltd.

CONTENTS
目录

CHAPTER　2

无关风格，Life Style 零装感思考

CHAPTER　3

我要我的零装感百搭风格设计单品

特别附录

CHAPTER 1

关于
空间与人的翻转设计

案例 1

简约与现代古典
随兴切换的
盐系纯白空间

撰文：曾家凤
空间设计及图片提供：均汉设计（KC design studio）

大气恢宏 vs 小家碧玉，
想要有"鱼"有"熊掌"的家居风格

由于从事贸易相关工作，屋主常有机会饱览各种空间风格，在考量自住的居家空间时，自然也有许多想法涌现，只是期待越多就越容易感到迷失，尤其是在保守与前卫的风格间格外犹豫。屋主本身虽然喜爱东方文化典雅沉静的时尚设计感，但又想营造居家的柔性生活风，若硬生生地将传统古典风格放置在住宅空间中，虽有一时的优雅华丽，但长久居住又可能会略感累赘……

屋主既想要与众不同，又担心过犹不及，面对属于自己的小宅邸，在风格之间举棋不定，只希望在回归生活的空间中，可以有一股悠闲的风情流动，于是也给设计师带来不小的难题，如何能在大气体面与舒适自在的环境中切换自如？风格如果不能包山包海，那么哪些该舍弃，哪些又该保留？生活感能等于美感吗？要想成就屋主梦想中的家居风格，就得依赖设计师的功力！

───────────── 户型图 ─────────────

182 m²

📍台北 | 🏠新房 | 👪夫妻、1个小孩

🗄三室两厅三卫 | 🔧镀钛玫瑰金、大理石、薄石板、线板、钢琴烤漆、橡木实木地板

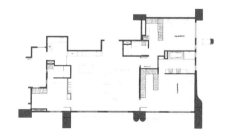

去掉僵硬的空间锐角，创造流线
与纯白。一旦回归生活本质，立
面空间的设计思考就可以更单纯。

纯粹美好的生活质感
其实没有任何公式

在传统拥护者与新潮追随者之间无法取舍时，以设计的功力、手法的操作让空间达到两者的完美结合，对空间设计师而言往往是最具挑战的环节，但也是最能满足成就感的事。均汉设计团队将此案主轴定调为"层次·白"×"玩·家具"。首先在空间中通过深浅不同的白融合自然光影与建材纹理，细腻地构筑家居背景，并适度地以装饰线条丰富视觉，让居住者能从中体会到传统与新潮交融的纯粹风采。

若以为白就只是单纯的白净，那可就大错特错了！设计师特意用不同层次的白，营造出空间的层次美感，光是客厅的天花板、地板和墙面就分别加入了钢琴烤漆、镀钛玫瑰金、线板三种不同的材质，在光线照射下，通过纹理显现出光影变化的层次。

为了满足屋主营造高挑、舒适的生活空间的要求，设计师亦以各种层次的白底堆叠出爽朗透亮的气场，再通过弧线柔化的天花板来聚集众人的目光，形成难以言喻的典雅品位，身处其中更能细品低调奢华的乐趣！而且兼具实用性，设计师把天花板拉高、再拉高，将空调室内机安置于玄关上方，空调风管直径缩小但风管数增加，有效压缩天花板厚度并维持冷房质量，再融合方圆的美感设计于其中，让天花板成就敞朗空间，高挑中见柔和的圆弧之美。

有了纯白的展演舞台后，再在家具上玩点小花样，同时也能借此展现多重古典搭配的可能性，以古典与现代风混合的活动性家具，来配合业主因生活的即兴变动与亲友到访时的调整，让生活拥有更多趣味和变化！

2

突破格局限制，餐、厨、客厅成为空间中一体的视觉端景。

3

把空调改置于玄关，可以让客厅高度往上延伸至少 20cm，室内也显得更宽敞气派。

圆融中式艺术成为特点

天花板以弧线柔化折角的尖锐感，创造中式圆滑天花板的优美造型，其他空间再加入钢琴烤漆、镀钛玫瑰金收边，斟酌装饰线条。

纹路拼贴结合欣赏与功能

为了营造空间中的多变风格，选择带有古典质感的线板，以三层立体的做工突显存在感；更通过仔细计算，在适当处安置灯光，一举两得。

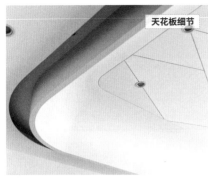

天花板细节

空间

家具

家具

极简中的画龙点睛

考虑到屋主想要传统中带有创新的思维，设计师特意以开放式空间营造出干净的舞台，增大家具的风格变化空间。

空间

轻重比成就刚刚好的场景

纯白而舒适的公共空间能提升室内亮度，搭配高明度色调的家具则能让视觉端景拥有重点。

案例 2

极简清新
打造无印风格的
人猫新乐园

撰文：曾家凤
空间设计及图片提供：三俩三设计事务所

猫多口杂
该如何打造皆大欢喜的家？

虽然屋主夫妻俩都是科技业的电子新贵，但在生活中并没有嗅到太多属于电子、科技等刚硬先进的气息，也许是因为太太身兼流浪猫协会会长，所以生活空间中充盈着的，更多是动物活动的痕迹，从一只、两只到现在的七只猫咪一同生活；随着数量的增多，发生争吵、家具被破坏、猫同伴们被逼到角落的情形也逐渐增多。对屋主来说，如何让人与猫、猫与猫都能和平共处，是空间中必须解决的重要问题。

然而在"猫口"偏多的情况下，屋主夫妻又生了小宝宝，家里需要规划的细节就更多了；加上还要满足夫妻俩喜爱的生活功能，像是能有让太太满足做饭欲望的开放式厨房，能有让喜欢户外运动的先生放置单车、登山设备的专属地方等。在多方需求与空间生活质感的追求下，打造出七只宝贝猫加上三个人的一家十口共享的完美空间，正考验着三俩三设计事务所的设计团队。

户型图

106 m²

📍 新竹 | 🏠 屋龄约 30 年 | 👫 夫妻、1 个小孩、7 只猫
🛏 两室两厅两卫 | 🎨 水泥粉光、红砖墙、木头搭配烤漆铁件、少量红铜装饰

当婴儿与宠物处在同一屋檐下时，既要讲求功能，也要通过设计创造出专属于一家十口的生活感。

有舍才有得，
舍弃私人空间成全宽广舒适

　　这个案子被设计师取名为"毛球—循环"，考虑到是屋龄约30年的老房子，在与屋主沟通后，一开始便以"能为毛小孩们提供畅行无阻、处处探索的乐园"为初衷，同时解决老旧空间本身存在的狭窄、阴暗等问题，三俩三设计事务所的设计团队大胆地打掉一间房间与公共区域的墙面，将空间规划成"回"字形动线（人在室内室外移动的点，连起来就成为动线），解决暗处角落问题。即便猫咪被逼到角落，也能另有出入通道；同时也能让宝宝会爬后，可以到处爬行，让家成为人和猫咪可以和谐相处的温暖空间。

　　书房则以极简为原则，去除多余家具，并将橱柜数量降到最低，仅简单地沿着窗边架起阅读台面，连接柜体平台成为宽敞的L形空间。与客厅区域看似完全联结，但通过木头折叠门片，又能随时转换为独立空间，成为客房。还在铁件玻璃门后方设置了出口通道，走出后即可通往浴室和卧室，为猫咪安排好最佳游走动线，串起整个"回"字形活动区域。

　　除了整体空间符合屋主想象中的猫咪新乐园外，在家具需求上也下了许多功夫。因为落地型柜体很容易遭到家中动物的破坏，所以特意把所有柜体均离地约30cm，不仅柜体不会被猫咪破坏，还可以降低空间的视觉压迫感。

　　三俩三设计事务所对于空间的基础想法是不过度装饰，着重于符合屋主需求，创造自在生活，因此在引进自然光源提升老屋空间明亮度后，也强调以原始自然的生活感为基调，空间绝大部分色彩都以水泥素坯的形态展现；再搭配上温润的木质色调，呈现家的暖和氛围。除此之外，绿色植物、绿色黑板漆以及电视墙面的红砖等复古元素，在简单之中不失专属于家的独有风格，塑造了一家十口最无须矫饰的生活样貌。

2

循环空间设计成就猫咪
宽敞的活动空间，也是
孩子未来的玩乐天堂。

3

悬空开放层架由铁件包
覆，耐用之外也是猫咪
的玩乐跳台。

4

室内门片皆有猫咪小门，
既可以保证生活隐私，又
能让猫咪来去自如。

客厅

用色调营造森林式的感官享受

选用红砖达到绝佳隔音、制震效果，并在其下方的木百叶柜子上放置音箱，通过木百叶设计让声音得以清晰传达。木头、红砖再搭配上方的绿色植物，让整体氛围更加热闹、温馨。

书房

素坯墙面简单而有温度

运用一半水泥一半木材质的组合配置，创造宁静温暖的生活空间。大面积木制书柜，通过木百叶门片增加通风效果，除了男女主人的衣物，还安排电视机隐藏其中。

客厅

书房

墙角

阳台

墙角

留白创意成就风格素颜

几乎所有墙面与地面都采用水泥铺陈，为了让空间不过于冰冷，搭配木头板材使用，客厅中央的斜拼海岛型木地板以及木头拉门，适时添加温暖元素。

阳台

老阳台也有个性

保留老房子原本阳台的样貌，仅以简单的方口砖与素坯地板构筑这一方半户外空间。简单的盆栽吊挂就能展现出十足的生活感，半腰外墙则装设了细钢丝，预防毛孩子一跃而下，由内而外都能安心。

案例 3

把空间当画布，
用个人品位
带出家的味道

撰文：余佩桦
空间设计及图片提供：两册空间设计（2books
space design）

花草香遇见书香，
想在室内打造能莳花弄草的温室

　　屋主本身从事科技产业，在繁忙的工作之余，喜欢研究各种时尚流行话题，对居家品位、户外生活空间等皆有广泛涉猎，对专属于家的自我风格有一番属于自己的独到见解，因此虽然买的是屋龄一年以下的新房，却不想沿用原本的装潢设计，反而想在居家空间中融入自己的个性，将屋主本身对家具家饰的喜好、个人收藏等加入其中，联结立面设计，开创出自己独一无二的风格。

　　此外，屋主平时就有莳花弄草的兴趣，也特别选了具有极佳视野及充足采光的房子，如果能把属于阳台的阳光、空气及花草植物移进室内，就更臻于完美。只是在 129m² 的空间中，新增任何房间都会影响采光，如何保留空间中自然光线的优势，以开放式设计营造更宽敞的效果，并在有限的空间中配置所适的功能，打造适合种养植栽同时温湿度亦符合健康的居住环境，则处处考验设计师的功力。

户型图

---

129 m²

📍新竹 | 🏠屋龄 1 年以下 | 🧍1个人 | 📋玄关、客厅、餐厅、厨房、主卧、书房兼温室、卫浴 | 🔨树脂砂浆地坪、清水模、沃克板、超耐磨地板、玻璃、不锈钢

屋主喜欢种植各类植物，
于是设计师将其中一间房
改为温室兼书房。透明拉
门的设计，使整体更显宽
敞明亮。

以轻盈透明感包覆个性与需求，
打造个人专属居心地

现代社会信息相当发达，人们往往能通过不同方式，获取各种想得知的信息，两册空间设计的设计师翁梓富谈到，本案屋主对居家、户外生活空间等信息具有浓厚的兴趣，且有多方涉猎，因此在规划空间时，希望能将屋主的居家选品喜好融入空间设计的功能之中，甚至设计风格也能与之结合。翁梓富进一步补充，大概知悉屋主的选品喜好之后，便决定以简单风格取代繁复细腻，用舒适、随兴的设计勾勒空间光景；因为设计一旦复杂，就无法突显这些选品，也会让整体更显凌乱。

于是，设计师以色系来构成空间，以浅灰色调搭配白墙调配出空间的色彩比例，白色突显浅灰色调，而浅灰色则能映衬各式选品、家具、饰品，不让空间抢走物件的风采。至于屋主的个人收藏，翁梓富当然也没忘，在大面窗的墙中，以内凹方式并添入层板塑造出电器柜与展示柜，柜体巧妙地收于立面之中，不但兼具收纳与展示功能，又能留给空间流畅的生活动线。

虽然设计师以色系来构成空间，但也能够看到他为了彰显色彩面积与线条之间的厚重感，刻意将衔接面做了脱开处理，并在其中加入玻璃材质，借由不同质地来创造不同色系之间的立体度。

在格局上，将其中拥有双面采光的一间卧室改作温室兼书房，对应的隔间也做以透明拉门处理，让这个空间随时能有阳光的照射，拉门摊开时阳光也能向公共区延伸出去，让整体更加通透明亮。另外，卧室部分也稍作调整，适当改变隔间墙位置，拉齐与其他墙面的水平线，多出来的空间刚好用来配置中岛（厨房中与墙分离的单独部分，多设置有柜台）吧台，以及电器柜等设计，让生活所需的功能更加完善。

2

屋主本身对生活颇有想法，于是设计师选择让空间色调单纯化，借以彰显家具、饰品、收藏物的存在感及特色。

3

为了能彰显空间线条的厚重感，设计师刻意将衔接面脱开，并加入玻璃材质，带出不一样的立体感。

4

让空间色调表现不过于繁复，仅以白、灰两色呈现，为的就是要突显屋主个人的选物喜好与品位。

留白展现选品最纯粹的姿态

设计师清楚地知道屋主的个人选品、收藏是空间中的主角，因此，选择降低风格的介入性，通过色系铺陈并结合留白方式，低调展现这些家具、饰品的美丽姿态。

简化材质让空间铺陈更具层次

除了风格外，设计师也担心材质的过度使用会影响到整体，因此，从雷同色系出发，以不锈钢、沃克板、树脂砂浆等来做表现；同一色阶中，借由不同质地带出层次感，同时也让空间更清新，更无负担。

中岛厨房

推拉门

中岛厨房

微幅调整让立面线条更干净

拉齐原卧室隔间墙与其他墙面的水平线后，不但让立面线条收得更干净，多出来的空间也刚好可以用来配置其他收纳功能；充足的功能可以满足生活需求，整体使用环境也很宽敞流畅。

推拉门

推拉门让通透再次得以延伸

空间里剔除了部分隔间墙后，以开放式设计规划公共区域，借家具来区分出客厅、餐厅、中岛区等空间，共同呈现出宽敞的效果。一旁的温室兼书房，同样以玻璃推拉门为元素，让通透感再次得以延伸。

案例 **4**

废弃厂房重生，还原空间最舒适纯粹的样态

撰文：余佩桦
空间设计及图片提供：伍乘研造有限公司

想在刚硬水泥线条中
打造适于老中青三代同住的家

这间屋龄超过 30 年的旧厂房，原是作为厂房办公室兼居住使用，随着厂房搬迁、扩增，便空出了这个近 182m² 的空间。为了不浪费，屋主希望让这个闲置空间再次得到有效的整合运用，能作为屋主一家老小、三代同堂的居住场所，因此便求助于伍乘研造有限公司，希望通过专业室内设计团队，针对居住者的需求与生活形态，将之重新规划、配置。

原本容纳大型机械、提供制造作业的区域，如今摇身一变要作为居住空间，设计团队需一一解决环境中的先天缺点：老厂房的屋型属于长条形，当初为符合室内作业需要而建造，但若要居住，则需要改善采光、通风不佳的问题，整体室内环境也需要更通透明亮才适合居住。老厂房的原结构是钢筋混凝土（RC）结合铁皮屋，铁皮材质足供厂房运作所需，但对居住生活而言则在隔热、隔音上未尽理想，需要借由材质的搭配运用，进一步改善隔热问题，才能有更舒服、适宜的居住质量。

户型图

---

182 m²

📍新竹 | 🏠屋龄 30 年以上 | 👤5 个人（三代同堂）

🛋客厅、餐厅、厨房、卧室、卫浴、工作室、洗衣间、阳台、后院 | 🔧合板、OSB 板、水泥、铁件、不锈钢、环氧树脂

从格局配置到材质运用，
设计师倾向以简单设计为
主轴，用最质朴的材料如
合板、水泥、铁件等，带
出空间最纯粹的美好样态。

从居住角度思考，
用减法重新找到家的质感

负责规划的伍乘研造有限公司的设计师黄志凌谈到，老厂房属于住办合一的性质，而今改成以居住为主，那么整体的格局配置，就得从居住空间方面考虑，才会更适合同时也贴近生活需求。

黄志凌进一步谈到，老厂房的前半段是 RC 结构，后半段则是铁皮屋；尽可能保留整体结构，为的就是留下属于屋主一家人对空间的记忆。最后仅去除了一部分铁皮屋空间，一来创造出室外庭院的设计，二来也借助空间的适度切割与释放，从而将好的光线、通风等导引入室。屋主担心的隔热问题，黄志凌在评估过后，选择在光照受面影响最大的屋顶加设了防热毯，用以加强隔热，让热源不会直射入室，也间接改善了闷热情况。

在格局配置上，除了考虑到三代同堂的多数人口需求，还考虑了每逢过年过节屋主家中也会有不少亲友来访，因此选择拉大一楼公共区的使用尺度，以开放式设计串联厨房、餐厅、客厅，形成宽敞的环境，无论是一家五口使用，还是亲友来访都很便利；考量到长辈使用问题，则将一楼后段区域规划为孝亲房。

至于二楼则以私人领域为主，包括卧室和工作室。

设计师明悉空间是承载一家人的生活容器，最终仍应以使用者为轴心，因此，在调性设计上倾向于以简单设计为主轴，选以最质朴的材料，如水泥、铁件、不锈钢、合板等，不在表面材质上做过度装饰；除了能与保留旧元素手法部分做呼应外，也带出住宅空间最纯粹的美好样态。

为一家人提供更舒适、宽阔的居住环境的同时，也鬼斧神工般地让原本老旧的厂房有了新的价值。

2

适度保留老厂房的结构，
为的就是能留下属于屋
主一家人对空间的记忆。

3 4

设计师释放部分铁皮屋空间，这样
做不但能有效地将光线、空气导引
入室，也改善了长方形房屋采光与
通风不佳的问题。

利用释放手法找回空间该有的光感

设计师适度地去除一部分铁皮屋空间，一部分用来创造出室外庭院区域，另一部分也因为空间的释放关系，将光、空间导引入室，成功地找回长方形空间该有的明亮感。

光线

空间

厨房

弹性隔间提升使用效率

公共区域以开放式设计为主，但顾及仍有短暂隔间的需求，设计师搭配使用弹性隔间材料来做环境上的划分，拉帘拉起即能形成独立区域，当拉帘打开则能与其他空间合而为一，而隔间材料本身也不会占据多余的空间。

依据需求重新思考室内布局

屋主一家人口较多，再者逢年过节也会有亲友来访。为了提供便于互动交流的环境，特别将餐厨区移至格局的前端，并加入中岛设计，构筑出回字形动线，无论一家五口还是亲友来访，使用上都很便利。

案例 5

秉持生活初衷，
以零装感设计
向岁月致敬

撰文：Jeana Shih

空间设计及图片提供：合风苍飞设计工作室

转角遇见的晚年归属，
由旧创新，砖砖瓦瓦都是学问

　　这是位于中部文教区一户巷子转角的房子，委托设计的是一对老夫妻，膝下三个子女尚在求学阶段。当初喜欢这里的僻静与大学校区旁便利的生活环境，于是选择定居于此，买下了这户屋龄高达 50 年的老屋，三层楼的大小与格局正好适合一家五口居住，也能让年届退休的屋主夫妻作为未来养老的场所。

　　改建前因久未居住，房子几乎接近荒废颓圮的状态。面对如此高龄的老宅，百废待举，屋主夫妻最大的愿望就是希望设计团队让老屋回春，打造舒适的现代格局；而年轻时忙于做生意的夫妻俩，如今处于半退休的状态，平时喜欢单纯自在的生活方式，对新空间的要求不算复杂："就算牺牲些室内地坪也无妨，想要打破内外界限，拥有一个能揽进户外的空气与阳光的家。"此外，家里的三个青春大孩子除了要有独立的寝室空间外，屋主夫妻还希望公共区域能多些开放设计，让全家人可以无阻碍地共处一室。

　　忙碌了大半辈子，如今苦尽甘来，总算能在自己喜欢的地方打造属于自家的小天地，夫妻俩计划着在此携手共度老后的每一天，对打造家园的合风苍飞设计团队也有着相当高的期待。

―――――――――― 户型图 ――――――――――

215 m²

📍 台中 | 🏠 屋龄约 50 年 | 👤 5 个人（两代）

🛋 客厅、餐厅、阅读区、厨房、主卧、客卧、起居室

🔨 木、混凝土

与一般扩大室内地坪反其道而行，本案中的外墙微往内减缩，扩大户外庭院面积，同时增加大型植栽与绿篱的数量，让建筑立面更为柔软亲切，从而达到绿化社区转角的目的。

转化光阴、复旧如旧，
用风与树的自然纹理勾勒生活情趣

此案是一栋 50 年屋龄的老屋改造，在与屋主夫妻沟通时，一开始只是单纯地以活化老屋的现代化设计为出发点。然而经过现场考察，发现其中充满了台湾地区早期珍贵的建筑风格及建筑材料，因此，设计团队以保留原事物并赋予新生命的态度切入，希望将带着岁月痕迹的美感完整地保留下来，同时设计出符合现代生活期待的住宅。主持设计师张育睿表示："留住岁月痕迹的同时，以更自然、谦卑的手法诱发出人文美感，才是老房子设计的本质。"

然而重新赋予老屋新生命所要考虑的细节与所面临的考验甚多，不仅有需要重新创建的部分，更有大量需要舍弃的部分。原本房子有大量加盖的铁皮，腐朽氧化不仅有碍观瞻，也令人不安，都是需要拆除的部分。而部分地面竟保留了 20 世纪 60 年代的老花砖，尽管已经停产却弥足珍贵，于是决定一块块修补立面，留住美好的岁月痕迹。

如此一砖一瓦，每个细节都少不了取舍与考量，设计团队决定复旧如旧，将珍贵的历史人文气息好好地保留，并进一步依照屋主的生活模式，将室内融合户外呈现零界限的开放场域，主人与访客可以在这样的空间自在互动，通过这样的开放场域也能让全家人的关系更紧密。由于屋主重视家人间的互动与交流，设计团队在格局设计上也格外用心，不仅舍弃隔间，更将二、三楼房间缩小，做出楼面的公共起居空间；并以仿楼中楼式的手法，挑空联结二、三楼，创造楼上楼下的互动。

合风苍飞设计团队将这个案子取名为"侘寂"，意指去除不必要的东西，追求事物的本质，但不抽离它的诗意；保持纯净，但不剥夺事物的生命力。这也是设计团队设计这栋老房子的初心。

2

为串联室内外，设计师将落地窗内外 50 cm 处以木造架高，仿和式的设计可以让人自由地在此坐卧，内外无界限。

3

设计师在一至三楼安排枫树、无患子等不同的植栽，除了创造绿意窗景外，更借由树荫形成自然的屏障，减少西方日晒的同时强化隐私。

动线格局充满生活感

规划为公共区域的一楼，以开放式
设计为主轴，采用洄游形动线，大
量的大地原木色与混凝土墙的构筑
呼应着窗外的绿意，内外的自然氛
围一气呵成。

书柜

就着风与阳光自在阅读

一家人都有阅读的爱好，对电视
影音的需求反而没那么高，因此
设计了顶天书墙，将此区域作为
可随意坐卧的阅读区。

窗

对内窗让室内外的互动零距离

二至三楼的房间特别以挑空手法创
造对内窗，即使在房间里也能与屋
外互动。

窗

二楼起居室明亮采光

二楼除了房间外，还有简单的起居室，以一窗一景的概念，赋予每个空间专属的绿意框景。

空间

复层绿化打造朴实的生活底蕴

逐层退缩绿化的设计手法，为居家创造更多半户外活动空间与室内遮阴，增添自然美好的朴实窗景。

空间

卧室

互动

卧室

私人领域宁静安适

房间面积不大，房内仅保留基本就寝家具，搭配浓密的枫树遮阴，创造浑然天成的静谧。

互动

通过窗户互通有无

房间与房间、楼上与楼下，全家人都能有畅通的互动管道。

案例 6

繁华水泥丛林中
打造属于家的
一方清心之所

撰文：曾家凤
空间设计及图片提供：二三设计（23Design）

卸下繁忙之后，
只想有个零压力的懒人小窝

第一次拥有真正属于自己的"家"，对于双薪小家庭而言可以说是人生大事，但对年轻的屋主夫妻来说，家的诠释并不复杂："只希望是在结束一整天繁杂的媒体策划工作后，能够有可以静心放松的处所，简单、寂静而有着一份暖心感；到了假日可以随性放松地看着窗外的光景；或遇到朋友来访时，也能作为一处别具温馨感的招待场所。"屋主如此表示。

乍看简单且基本的想法，对设计师来说其实要考虑的更多。就此案 66m² 左右的面积规模而言，对一家两口并不算小，但是由于空间仅有客厅这单一光源，能收纳的光线就十分有限，也间接造成室内较为狭窄的错觉；只要家具家饰柜体一多，再怎么断舍离，空间还是会显得混乱拥挤。想要住得自在轻松，不想老是收拾打扫，除了得统整生活线外，以有限光源制造无限光感，并收拾复杂的立面线条，提升收纳功能并打造极简舒适的端景，都是设计师需要一一克服、突破的诉求。想要拥有极简无压，说来简单，却也不简单。

户型图

66 m²

📍台北 | 🏠屋龄约 5 年 | 👥夫妻

🔨两室两厅一卫 | 🛠系统柜、系统板、天然钢刷木皮、硅藻土、长虹玻璃、灰玻璃、灰镜、铁件、人造石、壁纸、调光卷帘、超耐磨木地板、现成家具

开放式厨房隐藏了大量的收纳空间
与用电管线，既可以招待友人来访，
也是小夫妻平时的阅读场所。

采光与格局
是启动光、净、透的空间核心

　　二三设计的设计师张祐纶表示，以生活为主、风格为辅是设计团队一贯秉持的基本精神，为了顺应屋主希望让阳光在空间中尽情穿梭，仿佛能看见精灵在这座室内简约森林中忘情漫舞的构想，特意运用最简单的材料与无压的色调，打造出有生活感的空间立面。木、土等自然材质，也扮演了重要角色，设计师运用温润的木质地板、天然实木餐桌及淡灰硅藻土墙、刷白复古木门板等创造出小空间中整体色调的协调性，无形中也能达到放大空间的效果。

　　此案中的关键在于采光通透和开放格局，原本格局中位处空间中段的房间隔绝了光线，让厨房成为昏暗无光的死角，于是设计师大胆打掉部分墙面，以透明的玻璃隔间取而代之，不仅放大了空间，更引入了光线，让厨房餐厅区重回明亮的怀抱，在朋友来访、小两口共进浪漫晚餐时，也都能有户外窗景的映衬。

　　设计团队的进驻时间因为个案不同皆有所差异，因此配合施工时间巧妙搭配系统柜也是关键，若能妥善规划大小不同的柜体加上层板、适当的电线线路规划，即可在一定预算内满足大量收纳需求。开放式厨房内除了柜体墙、矮柜外，就连吧台都有完整的收纳规划，而房间内女孩们最需要的充足的衣帽收纳也毫无遗漏。除此之外，巧妙地在空间线条（包含天花板、铁件、系统柜）中，以黑色纹路加以串搭，成为室内空间的最佳点缀，创造出设计风味。

　　谁说简约就一定要有条不紊？当设计师重新梳理了空间线条之后，完整架构下物件随意的摆放反而多了生活特有的韵味，随处散落的书报杂志，随性摆放的艺术收藏，享受到一半的咖啡甜点……不必忙着整理，下班后的生活本来就该如此放松、惬意。

2

局部打掉墙面改为玻璃隔间，不仅引入了光线，更创造出空间中的穿透性。

3

紧临客厅的小空间既是书房也是起居室，可作为未来的儿童房。

4

木质门框延伸为床头背板，佐以晕黄的间接光线，打造宁静舒适的卧室环境。

单一风格墙面混搭木纹地板

家居空间是屋主下班回家后的小小天堂，特意采用木地板快速营造空间的温馨感，搭配单一颜色墙面，不仅可以维持空间风格，而且能百搭其他装饰品。

墙面

户外风景成为室内端景

最美、多变的空间装饰就是时时都在变化的户外景致，因屋主喜好户外风景的特性，设计师张祐纶大胆简化装饰，展现户外随风摇动的律动感。

悬浮柜体轻化过渡空间

进门处的上下柜组设计多了简单的置放平台，不碰到地面的柜体则让空间展现更加通透，也让原有的立面线条更显轻盈。

黑白灰的色阶
藏进万紫千红的
生活视野

撰文：刘真妤
空间设计及图片提供：工一设计

全天候共处的 SOHO 小天地就是要所有愿望一屋满足！

屋主是一对从事广告影像设计的夫妻，喜欢旧货与老东西，兴趣是收藏线条优雅的设计品牌单品，选择老公寓正好使他们的品位与现实预算达到理想的平衡。

由于 SOHO（在家办公）族较为弹性的工作性质，经常需要两人长时间待在家中，空间必须兼顾严肃与放松两大功能：既可以集中精力工作，又能在此舒缓安适地生活，同时还要有足够空间收纳各种收藏、CD 及图书。两人生活作息方面，至少早餐和午餐会在家烹饪，因此厨房也需具备十分重要的核心功能。此外，为了顾及访客或未来增加的家庭成员，夫妻俩也坚持要两个洗手间。

仅仅 66m^2 左右的屋子里，得符合工作需要，又要满足生活需求，同时还得拥有怀旧老味道，多个愿望得一次满足，因而找上同样年轻却有多次精彩小空间设计经验的工一设计，就是希望以他们擅长的简约线条与对材质的精准掌握，打造出彰显主人风格的特色小宅。

———— 户型图 ————

66 m^2

📍台北 ｜ 🏠屋龄约 20 年 ｜ 👥夫妻

🛏两室一厅两卫 ｜ 🔨天然钢刷木皮、硅藻土、灰玻璃、
铁件、调光卷帘、超耐磨木地板

工作室兼居住的格局里，简便的餐厨平台取代了传统厨房的热炒区，在开放空间下，一切简约得合情合理。

还原生活的基本起点，
以不变应万变满足所需

对于格局，工一设计团队根据经验发现，现在年轻人对生活配置的要求与过去不同，对于多用途需求的规划，"还是回到原点，从理解主人的生活形态出发。"设计师张丰祥说。小空间公共区域适合开放空间设计，让光线和空气流通。考量到屋主在家主要是在桌前工作和使用厨房，设计师将厨房和邻近的餐桌兼工作桌放在通风采光最好的角落，让进行不同活动的两人也能进行互动。

而在风格上，"面对不同方案，设计师就像演员，要演好某个角色，这个角色就是空间的风格。"张丰祥说。设计师们乐于接受业主提出的形形色色的需求喜好，让双方的想法碰撞出火花，呈现出不同的空间样貌。"我们大多做完成度高，较为细致的作品，比较少碰到旧物挪用或是随意的风格。"喜欢老东西的屋主坚持留下来的旧铁窗，成为本案的发想点。铁件适合搭配不需精细修饰的 LOFT（阁楼式）风格，正好也符合屋主品位和预算的选择。

此外，当中的沟通是一大关键点，"省什么会造成什么效果，必须先说清楚。"设计师说。例如书柜背墙直接打凿上漆，不做天花板，整理过的管线和黑铁定制灯具，展现出粗犷不羁感；柜子的木夹板只上保护漆不贴皮，不需要昂贵的实木，就能创造出温润的居家氛围；同样木头材质的洞洞板也是兼顾居家与工作室两用功能的实惠选择，作为鞋柜与冰箱门板，透气又可自由吊挂东西，处处都是设计师的巧思。

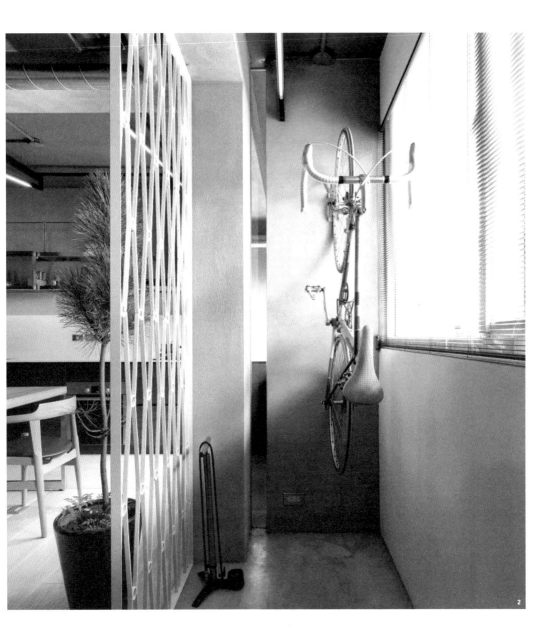

2

从大门进来后自阳台入屋的动线，
同时以旧复旧，将屋主在老房子中
收集的铁花窗重新修补制作，作为
进门就看得见的最具创意的铺陈。

个人收藏融入空间设计

主人有为数不少的书，以及黑胶唱片、CD等音乐收藏，为了让收纳柜看起来不枯燥单调、密度不均，采用大小不同、高度间距交错的设计，适用于不同尺寸的收藏品。

桌椅一物多用提升生活空间利用率

比起沙发、电视，这里的一桌二椅既是工作区，也是用餐、休闲聊天的地方，是开放空间中最重要的核心区域。

客厅

用餐区

玄关

玄关

墙角

玄关

古意十足的铁花窗塑造个性端景

超过 30 年历史，后阳台充满时代感的铁窗，屋主舍不得丢掉，拆下来切割成两半后经过焊接和防锈处理，成为特色鲜明的玄关分隔。

墙角

窗边平台展现贴切生活

从厨房区延伸至窗边的平台，摆放了咖啡机及简单的轻食，迎合绿叶扶疏的窗景，打造工作之外极惬意的小角落。

案例 8

崇尚减法自然，
独一无二的
无印风住所

撰文：刘真妤
空间设计及图片提供：叙研设计（DESN）

一切杂乱速速远离，
只想实践断舍离的新居住思维

年轻的吴先生和吴太太给人的感觉就跟他们的家一样：简单、清新、朴实。然而他们可是做足了功课，厘清自己对居住的真正想法后，才通过朋友介绍找到叙研设计，想好好将这间高龄约35年的老屋改头换面整修一番。

装修前的房子被当成长辈的仓库，连挤出让孩子安全玩耍的区域都很困难，屋主夫妻又看到住在楼下类似格局的亲戚的装修，用储物柜塞满每个墙面之后，夫妻俩充分体会到这不是他们想要的生活。于是悉心钻研减法装修哲学，厉行杂物断舍离心法，连平常习惯被要求收纳多一点的设计师都惊讶不已。

而重视亲子互动居家生活的屋主夫妻，也不像一般家庭习惯以客厅的沙发、电视作为生活核心，反而把餐厨空间摆于首位，几乎餐餐都在家做让厨房的重要性高于一切，可以做功课、用电脑、画画、看书的大餐桌就成了这个家的装潢重心。

———————————— 户型图 ————————————

66 m²

📍台北 | 🏠屋龄约 35 年 | 👤夫妻

🚪两室一厅两卫 | 🔨天然钢刷木皮、硅藻土、灰玻璃、铁件、调光卷帘、超耐磨木地板

1

除了纯白就是自然，将空间中
使用的元素降到最低；只要有
自然光线的搭配，就能成就最
完美的生活感。

加法与减法之间，
家的轮廓只有住的人最清楚

"某种程度上，是屋主在教我怎么减掉东西。"叙研设计的设计师陈建廷说。过去主要的作品都是商旅空间或豪宅，往往强调的是风格与设计。遇上对家的想象很明确的屋主，其实是个相互学习摸索的经历；在每次都长达两三个小时的开会讨论过程中，与屋主合力描绘出家的轮廓。

屋主喜爱阅读和音乐，拥有大量书和磁带收藏，大面书墙是第一个不可妥协的需求，然而格局规划并没有想象中的顺利。在一个个无法被顺利接受的提案中，设计师发现解法其实跟需求一样单纯："他们只想要一个全家人可以共享的空间。"不用传统的客厅、餐厅或厨房、餐厅分割，设计师将整个公共区域作为一个整体的空间规划，通风采光最好的一面留给核心区，对于吴家来说就是烹饪与共同进行各种亲子活动的地方，开放式厨房加上一个多功能的大桌子最理想不过，在厨房忙碌的父母还能看得到孩子，沙发上与餐桌前的人可以对话，一家人随时都能轻松互动，就是屋主理想的共享空间。

规划独立的储藏室，是另一个屋主的坚持。

这固然是实现不被储藏柜压迫、清爽轻盈"无印风"的主因，能够贯彻简单生活，自有一套收纳哲学才是关键。"空间不是设计师创造出来就完美了，而是住的人怎么利用这个空间，让物品维持在恰到好处的量。"设计师说。屋主深谙这样的减法生活哲学，过去做豪宅全部都得遮起来的设计经验，在这里并不适用，例如因为孩子还小，还没确定用途的空房间，保持干净状态，反而可以灵活运用。自己家不需要过度装饰，简单一点就好。

2 3

连接阳台的光明
敞亮的餐厅是家
中最精华的角落。

4

绿色植栽与自然光线
相得益彰，简约中透
着舒适有氧的氛围。

Chapter 1
关于空间与人的翻转设计

65

忠于自然的原色定调风格

墙面以屋主喜欢的无印良品收纳
柜组成，整体空间与主柜相符的
色彩及材质，搭配丹麦 Muuto 家
具，造就十分自然温暖的氛围。

隐藏式手把置物柜

中岛旁的三面开电器置物柜，设计师坚持将面对餐厅方向的柜门采用隐形门设计，柜门柜身合为一体，没有把手或其他线条破坏视觉上的整体感。

Chapter 1
关于空间与人的翻转设计

客厅的多元应用

不设置电视的客厅少了声
光和嘈杂的喧闹，是属于
孩子的最完美的游戏房。

客厅

卧室

浴室

浴室

充分利用空间收纳

卧室设置了大面积的置物柜，采用天然橡木原色调，一点都不觉得厚重。

浴室

三段式日式浴室

为了满足屋主想和孩子一起泡澡的愿望，扩充原本的主卧浴室，以玻璃隔间保持视觉通透，让人在家也能享受日式浴室的乐趣。

案例 9

空间适度留白，
简单中感受
每一刻的美好

撰文：李宝怡
空间设计及图片提供：乐沐制作（The MOO）

短期居住
也有各种功能的迫切需求

　　屋主一家人的生活重心多在中部，但因为孩子北上工作，再加上自己因为工作关系，时常会北上出差开会，因此才想在北部购买一处临时住所，让孩子及自己有一个偶尔在北部停留时可以休憩的场所，因而看上这个室内面积不大但拥有庭院空间且光线甚好的挑高小宅。

　　虽说是作为短暂居住的场所，但屋主希望打造成休闲度假的氛围，除了满足睡眠的基本需求外，就是希望餐厨区域能有个大中岛，满足自己北上时能做菜给孩子吃的心愿，或者邀请亲朋好友一起来此吃吃喝喝，因此环境要容易整理清洁。

　　而且对照中南部的干爽气候，屋主担心靠近山边的住宅会因多雨潮湿，致使屋内东西发霉，因此采光及通风也成了重要的需求。小而美的房子虽然有不少先天优势，不过在屋主一家务实的基准点下，仍有不少困难需要一一克服。

户型图

50 m²

📍北部 ｜ 🏠3年毛坯屋 ｜ 👥2个人

🛋两室两厅一卫 ｜ 🔧铁件、水泥粉光、实木、系统家具、瓷砖

从餐厅区域延伸而出的
中岛兼长餐桌,是全家
人互动的核心。特别保
留天花板挑高空间,以
放大此区域的视野。

Chapter 1
关于空间与人的翻转设计

坐看光影移动，
感受岁月静好的悠闲时光

这是间四米高的挑高小空间，并在它还是毛坯屋时即进行规划。鉴于屋主不以常住为主而是用作度假空间，因此减少许多日常使用功能方面的考量，将重点放在明亮、舒适的休闲氛围上。经过考量小面积空间的结构，室内格局决定采用开放式设计，让所有的动线及隔局与窗户平行，使光线得以倾泻进每个角落。于是采用铁件镂空扶手与钢构悬浮阶梯的线条，成为墙上或立面装置，顺势带出了空间的高度。

整体空间以淡雅的灰与白，结合温润的木质色，构筑出温暖的基底；并摆设一张水蓝色沙发，挹注一股清新的感受。同时，借由线条的建构、量体依墙幻化无形的妥善配置，让空间维持宽阔度且兼顾基础功能。一楼开放式的客厅、餐厅、厨房串联一气，并应屋主需求，以中岛为居家主角，借着靠窗挑高空间的位置承揽明亮氛围，再将柜体功能整合于量体及立面，落实干净有序的格局配置。

延伸至二楼，嵌入悬吊式的铁架楼梯及通透设计的黑色铁件线条，大方串联起上下两层楼的光线及视线，并将上层作为私人领域的寝卧空间，除了睡眠功能外，也规划出简约的书桌、简单的收纳衣柜，以核心家具围塑出专属于居住者的人文私密空间。

随着动线的一步步上升或下降，看着空间与光影移动，没有华丽的材质去干涉这自然的变化，展现出人在这空间里最原始的模样——如空间主角的中岛，如同一场场舞台，每天做着美味的佳肴，让坐在吧台椅上的人们在享用时，可以看着窗外放松心情；而大面落地窗帘像一幅画布，衬着家具，构成一幅美丽的画。家，由屋主创造出他梦想中该有的样子，也是最使人放松自在的空间。

2

全然通透的空间设计，让
小空间无论在视觉上还
是使用上都不会太局促，
也让光影及空气流通。

3

利用水泥漆及地砖的灰
色，与白色橱柜、实木中
岛台面搭配出空间最质朴
的效果，让人成为主角。

4

二楼视野开阔，且两间
卧室可以根据需求，利
用拉门设计使各自独立。

以中岛为居家主角营造生活感

顾及屋主的需求，因此将全屋的重心——四米高的挑高空间区域，规划成开放式的厨房及中岛区，并将收纳及使用功能整合在柜体及中岛量体里。然后以此为放射点，串联至每个空间——如开放式客厅，联结楼梯至二楼私密空间，推开落地门至户外庭院露台区等。

厨房

家具

玄关

玄关

家具

用高彩度家具装点低调空间

由于整个居家色调采用低彩度搭配，例如墙面及地板采用灰色系铺陈，且所有柜体及天花板都采用白色基底，搭配温润的木作线条切割，因此通过彩度高的家具，例如水蓝色沙发，或线条感强的设计系家具搭配，成为空间亮点，也为居住环境增添了生活品位及人文情趣。

玄关

挑高玄关拉高视觉、满足收纳

鉴于玄关那道墙西方日晒的关系，刻意让玄关完全挑高，保留四米的高度，隔绝西方日晒热传导。同时将鞋柜及收纳柜体做到上层，以满足功能，并拉大空间的视觉效果。保留建筑原始窗户的采光，在木百叶的衬托下，营造光影氛围。

案例 10

当空间回归本质，点点滴滴都是美好的生活印记

撰文：余佩桦
空间设计及图片提供：木介空间设计工作室（m.j design）

简约铺陈下
需要包山包海的生活功能

　　这是间屋龄约 16 年的二手房，96m² 大的空间里，拥有标准的四室两厅两卫格局，且居住人口单纯，仅屋主夫妻两人，规划出适得其所的空间不难，然而夫妻俩本身从事设计相关工作，多半时间在家工作，因此除了居住外，空间还要担负起适于工作的功能与环境。这种情况下，期盼能通过设计重新梳理空间，同时配置出适合两人生活和工作的环境。

　　此外，屋主还希望空间的调性偏向日式并带点工业感，选择这样的设计表现，为的就是减少过多的装饰，让生活环境回归单纯。在这样的风格下，既可以用个人收藏、家人的生活轨迹等来做装点，甚至生活里的日常收纳也能够与美感并存，让家不只有使用功能，还有真正生活的感觉。

户型图
---

96 m²

📍台南　🏠屋龄约 16 年　👥夫妻

🗄玄关、客厅、餐厅、厨房、主卧、更衣室、储藏室、

卫浴、阳台　🔧涂装板、超耐磨木地板、涂料

由于房子的使用者仅夫妇
俩，设计师选择将部分房间
释放，创造出一个大客厅，
让他们能在宽阔、舒适的环
境中自在生活。

用减法释放局促窘迫的设定，
还原生活所需的基本空间

木介空间设计工作室的设计师黄家祥谈到，由于该空间的使用者仅屋主夫妻，再者也希望赋予两人舒服的起居兼工作环境，因此初步规划将未使用到的房间的面积释放出来。经过重新安排后，整体只剩下一间卧室，至于客厅、餐厅兼工作区、厨房则串联在一起，形成一个开放式的 LDK（即一室一厅一厨）动线。黄家祥补充，这样的构成，无隔墙功能被整合在同一侧，至于需要实体隔墙辅助的卫浴、储藏室等，则安排在对侧，有秩序地配置空间中的使用功能，同时也能够让起居、工作的使用属性被清楚地定义出来。

在风格上，屋主倾向于以日式带点工业感为主，因此，黄家祥尽可能地不做过度的装饰性设计，适度地在部分墙面、柜体、地板等地方以木元素做表现，让环境透出些许温润感。而天花板也大胆地以直接裸露的方式呈现，一来可以清晰地呈现出空间净高，二来也能借由天花板本身的线条让视觉更具层次。

既然是实际生活的空间，有生活感便是理所当然的事情，不过黄家祥也谈到要展示出生活感，那么柜体其实就要有计划性的安排。可以看到在空间中配置了更衣室、储藏室，为的就是要让相关的衣物、大型物品等被有秩序地归放，甚至其中也不做过多的设计，以衣柜为例仅做了简单衣杆，为的就是让屋主在真正入住后，可以再依需求添置活动抽屉、收纳盒等，让收纳多一点自主性。至于其他个人收藏、生活物品等，则用一些展示柜、活动柜体来化解，甚至书架也不做了，直接让书本成摞成摞地堆栈摆放，带点随性、不造作的味道。

2 3

设计师赋予空间双重功能，让这看似餐厅区的空间也身兼了屋主工作区的功能。

4

原来的四房格局经过空间释放后，让客厅、餐厅兼工作区以及厨房连成一线，无隔间的形式让整体看起来更宽阔。

去除隔间形成开放式大格局

空间在卸除隔间墙后被彻底打开，形成开放式大格局。设计师更在其中依序配置了客厅、工作兼餐厅区、厨房等功能，不仅使用动线变得流畅，原来良好的采光优势也随着开放式格局被突显出来。

客厅

浴室

窗

窗

浴室

各自独立呈现卫浴功能

原本两间卫浴整合后仅剩下一间，以各自独立的方式呈现其中的功能，中间是洗手台，两侧则分别为如厕与淋浴区，一来使用上不会互相干扰，二来也有利于各个功能的环境维护。

窗

窗边平台打造最美生活光影

屋主平时有收藏小东西的兴趣，所以特别在客厅大窗边多加了收纳展示平台，用以展示各种精品，在窗外日光的烘托下展现生活方式的况味。

案例 11

不落俗套，
标注自我主张的
个性住宅

撰文：刘真妤
空间设计及图片提供：珞石设计工作室（LoqStudio）

不只是家，
更是写满梦与青春的住宅之诗

从美国回来的林小姐为了这第一个房子，找遍网络上大大小小的室内设计师，最终托付给符合自己风格品位的珞石设计。身为经常在家工作的程序设计师，加上家中人口少，以及长年居住国外的背景，使得林小姐并不拘泥于传统的住宅格局，舒适之外，能展现个性的住宅比什么都重要。因此跳脱了一般家庭追求光线明亮的标准，不论墙面设计、收纳还是整体风格，都带有屋主浓浓的个人风格，也赋予空间截然不同的层次。踏进住宅不仅踏进了屋主的家，更仿佛踏进了专属于屋主的小宇宙。

除此之外，屋主对室内功能方面还有很明确的需求：主卧、客房、有窗户的书房以及两个洗手间都是绝对必要的配备。这样的想法在屋主与设计师之间相互激荡，成就了这个功能及风格都与众不同的个性小宅。

户型图

---

69 m²

📍 新北 | 🏠 屋龄约 15 年 | 🧍 1 个人

🛋 两室一厅两卫 | 🔧 天然钢刷木皮、硅藻土、灰玻璃、
铁件、调光卷帘、超耐磨木地板

厕所中一整面马赛克小精灵的主题
墙，不仅代表着屋主程序设计师的身
份，更保留着屋主独有的时代回忆。

空间中回荡无数创意想法，
细节间将特质展露无遗

"我们最重视的是屋主对房子的期待是什么，然后尽力帮他们达到梦想与预算的平衡。"设计师罗意淳为这间 69m² 的小宅所做的，便是去体会期待背后，屋主实际的生活习惯。居住人口少，在家工作表示待在家中的时间长，对于采光及活动空间的需求较高，加上林小姐喜爱下厨也相当好客，所以设计师将原来的三室减为两室，客厅、餐厅、厨房整合成一个大的开放空间。所有生活核心功能都集中在一起，也不再有浪费的走道空间，墙面不再阻挡光线和空气流动，大部分区域也采用开放式收纳，将空间的逼仄感降到最低。

屋主的生活习惯也使得设计师得以跳脱既有的功能／格局公式，充分利用每一寸空间，甚至还能规划出小面积房子少有的更衣室兼储藏室；而且更衣室与传统的和卧室相连不同，是在房子的另一端。"因为屋主平日在家都穿着家居服，只有外出才更换外衣，因此更衣室设在靠近玄关的位置而不是卧室，更加符合她的习惯。"同样不一般的还有按照屋主要求，设在厨房旁的室内洗衣区，都是屋主对设计师直视生活需求高度信任的表现。

屋主最满意的"小精灵"墙，也是这种良好沟通关系的成果。"我想要表现林小姐程序设计师的身份，因为她跟我是同一个时代的人，我们就回忆起小时候的经典电玩游戏，比如坦克大战、小精灵之类的。"马赛克砖完美表现像素图的趣味，是房子里最具代表性的装饰。

设计师最满意的是精心规划的开放空间和格局，每块砖瓦看似都在陈述某种风格，却又无法被归类。

意外发现的风格主题墙面

定调 LOFT 风格的砖墙以及裸露横梁，事实上都是美丽的意外。拆除原来的装潢漆面之后，才发现下方带有古意的红砖以及粗犷却完整的灌浆模板木纹。设计师决定保留原始样貌，甚至还运用黄金比例新砌延伸了一部分墙面。

精心规划的随性

看似随性不羁的风格，在细节上却一丝不苟。中岛餐厨区域使用耐水复古地砖，也恰好与横梁一起低调地分隔开放空间，表现层次感。

墙面

厨房

洗衣区

起居室

洗衣区

符合生活习惯的洗衣空间

考量屋主的美式生活习惯，规划室内洗衣区，设置洗脱烘洗衣机以及不需排气管的热泵热水器，简单的收纳层板毫不突兀地融入室内环境。

起居室

减法陈设流露生活感

起居室中没有太多家具，仅以层板搭配横杆，并把梁柱畸零区块作为衣物收纳吊挂之用，淡蓝背墙极具 LOFT 个性，与公共区域的设计相互呼应。

案例 12

低限度装修，
转身看见家的
纯粹美好

撰文：余佩桦
空间设计及图片提供：两册空间设计

即使先天诸多限制
仍想建构梦想中的家

40 年左右的老房子，室内空间主要依赖格局前侧作为光线的主要来源，但碍于三室格局的配置，不但使得各空间使用尺度较小，光线也因隔间墙的阻断而无法顺利进入房间；再者，前阳台处有棵樱花树，冬春之际虽然摇曳生姿，但也在欣赏窗景时造成了小小的阻碍，难以让室内与自然有更多的互动，都是空间里存在的隐忧。

房子的主人曾旅居国外，且对室内设计风格颇有想法，倾向带些粗犷、随兴的工业风格，本身也十分喜欢较为朴实且带有个性的素材，如砖、铁件、木料等。屋主亦相当好客，在沟通设计的过程中，除了自己居住所需，也不忘考量招待朋友、客人时的需求，像是为了方便做饭，希望将厨房与餐厅位置相邻，配置出足够的空间，三五好友来访时大家能尽情地相聚聊天、品尝美食，甚至还能一起看球赛。

成就一个家不仅要先除旧，改善老房问题，更需依主人个性及需求布新，新旧之间每个空间设计环节都充满了思考。

───────────── 户型图 ─────────────

109 m²

📍 台北 ｜ 🏠 屋龄约 40 年 ｜ 👤 3个人

▌玄关、客厅、餐厅、厨房、主卧、起居间、卫浴、阳台

🔨 树脂砂浆、木饰板、海岛型木地板、铁件、玻璃、六角砖

应屋主好客的需求，在厨房旁砌了
一座中岛与长形餐桌，偌大空间足
够一群好友来访，同时也能边聚会
聊天边欣赏前阳台的樱花美景。

扭转不良条件，
释放空间，生活更宽广

　　两册空间设计的设计师翁梓富谈到，原室内因隔间过多使各个环境的空间都显得局促拥挤，在确定居住人口数后，便将三室改为两室，其他空间则释放给公共活动区域，找回生活空间的尺度，也能把地坪做最有效的利用。以客厅来说，翁梓富首先明确定义出阳台的位置，其次则是做了大面观景窗设计。如此一来，除了让主要光源带能带入更多光线入室，也让屋主观看樱花时，不再只有单纯欣赏，而是能走到户外做更近距离的接触。

　　至于在厨房与餐厅的规划上，为了让两者能紧邻在一起，在不调整厨房位置的情况下，顺应环境衍生出一道中岛和餐桌，一条直线地安排配置。在平时，中岛可以作为备餐台，而餐桌还能化身为一家人的书桌；当成群好友来时，这里就是足够大的空间，能尽情地在这里聚会聊天。最特别之处是，翁梓富在该区的配置上还特别考量环境角度，稍稍倾斜的设计，除了让客厅光带能延伸至室内，坐在餐厅也能将樱花景致收于眼底。

　　由于屋主曾旅居国外，对工业风格颇能接受，于是，设计师在剔除原空间装饰材料后，以水泥修饰梁柱，部分墙面以木饰板、火头砖铺陈，另外也适度运用铁件勾勒线条。这些材质都以原样呈现，表面不再加以修饰，不仅顺利地带出风格调性，同时也让空间更加干净、纯粹。

　　空间要干净利落，收纳设计也必须藏得漂亮。翁梓富巧用梁下或畸零空间将收纳藏于墙面，并与壁面色调一致，以减少视觉干扰。不过为了让家更有屋主自己的生活味道，设计师在墙面适度做了留白，让屋主未来能够自行通过自己的收藏做点缀，玩出属于家的风格，也才能再次看见空间的美好。

2

空间以最简单的材料做铺
陈，而材质本身带有一点灰
阶调性，再借助光线的辅助
表现，更加突显了立体感。

3

顺应空间、使用需求，配置出
屋主渴求的餐厅空间，一条直
线的安排配置，亦带给他们一
家人更自在、舒适的生活动线。

客厅

去除隔间视野更宽阔

将三室格局改为两室后，除了各个小空间的使用尺度变大之外，也有效地将阳台的光线引入室内，让屋内整体更加饱满明亮。

起居室

沿梁与墙下创造出收纳空间

空间中的收纳功能若过于复杂，会影响甚至压缩使用者的活动空间，因此，设计师选择沿梁与墙下来创造，柜体功能收于立面，共同呈现整齐干净的效果。

客厅

起居室

玄关

厨房

适度留白让收藏带出日常生活感

设计师在墙面表现上不做过度的装饰，让最单纯的色系映衬出屋主个人的收藏。一点点随性，一点点不规则摆放，带出日常生活感。

厨房

自然材质还原家的本质

空间里以水泥修饰梁与柱，至于部分墙面，则以木饰板、火头砖铺陈，另外也适度运用铁件勾勒线条。这些材质都以原样呈现，表面不再加以修饰，让空间更加干净、纯粹。

案例 13

形随功能，
用设计满足
屋檐下的需求

撰文：李宝怡
空间设计及图片提供：聿和空间整合设计、尤哒唯建筑师事务所

20 年老住宅，
跟着孩子与猫一起长大

　　家里孩子长大了，想让读高中的两个孩子有自己的独立空间；加上家里两只猫成员的生活需求，因此屋主夫妻动念改造这间已住约 25 年的老房子。两人的要求很简单，就是让两个孩子能拥有一样大的使用空间，同时在公共区域设置公共上网区，以方便家长监督跟管控。另外，家中有祭祀需求，因此佛桌也必须思考做整合。当然，最重要的是在规划的同时，也要将宠物猫咪的活动空间一并考量。

　　整体来说两屋主对空间风格的考虑不多，几乎把焦点都务实地集中到了屋檐下的居住者，包括逐渐年长的夫妻本身、两个孩子，以及两只顽皮的猫。不仅公私领域得做好完善的规划，而且因为动物与人的习性差异甚大，所以设计时建材、动线或隔间设计等都须一一考量，得让猫咪在空间里自在地随意行走、跟家人互动。六口之家的想法与生活偏好各有不同，在四方水泥钢筋下如何运用设计让大家皆大欢喜，则有待设计师一一解答。

户型图

102 m²

📍 台北　🏠 屋龄约 25 年　👤 夫妻、2 个小孩、2 只猫

🛋 客厅、餐厅、厨房、玄关阳台、主卧、两儿童房、两卫浴

🔨 石材、深刻栓木、玻璃、铁件、超耐磨木地板

案例 13

1
利用半开放式书桌旁的柱体规划猫跳板，使家人在上网、使用计算机之时，猫咪也可以在一旁撒娇、玩闹。

从材质、家具至空间动线，
每个角落都有爱

六口之家，其实是一家四口，再加上两只可爱的猫。平时害羞的猫咪，总喜欢与家人玩躲猫猫，因此在空间的规划上，则以能让猫咪走、跳、卧、趴的设计为出发点，例如悬空的鞋柜、电视主墙的铁件台面，以及卧室走道旁的书桌下方、主卧门板下方的猫洞等，可供猫咪藏匿。

在入口玄关处，依着原本建筑体的圆弧阳台设计，规划出一个高起的圆形平台，架设活动式的猫跳台，除了提供猫咪晒太阳、活动的场所外，同时也是家人的换鞋区，平时更是陪猫的场所。另外，书桌旁规划的猫跳平台及电视主墙的铁件台面，更是小猫平时向主人撒娇、夏天乘凉的好所在。

除此之外，家中的佛桌设计成向前倾斜，也是为了防止猫往上跳。此外，主卧室门猫洞的设计，可以让猫在晚上主人休息的时间，更容易与便利地进出公共与私密的领域，不致彼此干扰。

考虑到猫咪的生活习性，地面全面采用耐剐材质的瓷砖及超耐磨木地板，立面上则采用铁件、石材、玻璃、深刻木皮等材料，来预防猫爪抓、挠的维修问题。在色调上以屋主喜欢的白及木色暖调性为主，只有电视墙以深色做视觉延伸。事实上，为公平使用，除了把原本的公共卫浴与私人卫浴移动到同一侧外，还将多余空间用来规划孩子对等使用的空间。更在平时进出卧室的走道上，规划出一个过道式书房，以供家人上网、使用电子计算机之需。让99m²的空间也能尽量满足可供阅读、休息的卧室及书房。

值得一提的是，设计师利用调整房间格局的机会，将佛桌与餐橱柜整合成退缩内凹的形式，并与餐厅、厨房之间的防油烟玻璃拉门形成一堵平整的墙面。公共区域则利用"L"形的电视石墙延伸，处理主墙背后柱子形成的畸零，隔出储藏室，满足一家六口收纳的需求。

2

由于电视主墙背后有柱子形成的畸零，因此将电视石墙延伸成"L"形，放大客厅的视觉感，同时后面又可隔出一间储藏室，满足收纳需求。

3

入口玄关，依着原本建筑体的圆弧阳台设计，规划出一个高起的圆形平台，架设活动式的猫跳台。

4

卧室的走道空间，规划出一个过道式书房，并在墙上设计猫跳板，拉近与猫咪的情感。

"L"形墙面整合小空间收纳功能

调整儿童房的隔间比例，但空间仍有限，因此利用儿童房的"L"形墙面，从一进门开始，将衣柜串联书桌及书柜，再利用书桌延伸至床头背板与床整合在一起，不但符合功能，也大大节省了空间。

墙面

猫的空间

猫的空间

天花板

斜屋顶设计避开梁柱

主卧的天花板有两根大梁，形成压迫感，因此为了修饰并且避开床头压梁的问题，把主卧的天花板设计成斜屋顶，并在床头收尾处隐藏灯管，形成光带，不但营造出空间的视觉美感，也带来童年对阁楼屋顶幻想的乐趣。

猫的空间

隐藏在空间里的猫道

为了让猫咪自由行走，在空间里设计了许多看不见的猫道，例如天花板凹槽内，或是电视墙上嵌入式钢板平台，等等。尤其是电视墙平台，因钢板铁件材质较为凉爽，在炎热的夏天会成为猫咪最爱趴卧、睡觉的地方。

案例 14

柴米油盐 + 爱好，
小而美好的
住宅满足学

撰文：李宝怡
空间设计及图片提供：橙白室内设计

一个人到一家人，
功能、氛围、格局全面进化

　　这个案子的屋主在之前单身时，就已经委托设计师装潢过，之后因为陆续完成了人生大事——结婚、生子，现有的环境不再适合夫妻及小孩的三人世界，因此再度重新规划。

　　原有的房子里新增了两名成员，看似单纯其实要考虑的事情非常多。不同于单身黄金汉的生活需求，一家三口柴米油盐的小日子才刚开始，各种需要顺势进阶，四米高的挑高空间里需要规划出主卧、儿童房及更衣室，还要挤出卫浴空间，才能方便夫妻俩就近照顾小孩。最重要的是收纳空间的需求也增加了，除了林林总总的生活杂物，也不能忽略屋主本身热爱收藏马克杯的习惯，还需打造出有型有款的收藏展示区域。

　　在新需求的诞生之下，一套房子的脱胎换骨除了增加功能及种种不可能的空间之外，也少不了风格上的新诠释。尽管预算有限，但男屋主崇尚略带粗犷的工业风，则为家屋定义出新的精神。不论是有形的空间格局，还是无形的氛围风格，建构小而美的住宅，每一步都很重要。

户型图

66 m²

📍 新北 ｜ 🏠 屋龄约 10 年 ｜ 👥 夫妻、1 个小孩

🛋 客厅、餐厅、厨房、主卧、儿童房、更衣室、两卫浴

🔧 伊诺华木地板、榆木钢刷木皮、美耐板、喷漆、黑板漆、灰玻璃、壁纸

在二楼楼梯的畸零空间挤出一间半透明的更衣室，可以收纳屋主的大件杂物。

舒适与个性兼具，
为家增添加利福尼亚的阳光

这间屋主是第二次找橙白室内设计协助，改造需求从原本的单身需要，改成符合一家三口的需要，意味着要增加房间数及收纳需求，再做通盘的规划，并融入屋主喜欢的工业风作为设计主轴。

由于室内空间并不大，因此整个空间采用开放式设计，并利用挑高空间，将上层规划为私密空间，下层为公共空间。从玄关一进来，保留原本的卫浴空间配置，右侧则利用楼梯间下方的空间，设计玄关柜体，并利用半高的活动玄关柜，区隔内与外的空间界定。开放式的餐厅、厨房与客厅连成一气。保留客厅迎光面的挑高空间，让采光得以深入室内，并放大空间感。

整个空间以白色及灰色为定调，并运用暖色系的木地板及家具暖化空间的人文个性。同时，在串联客厅、餐厅空间的主墙面，则运用红砖文化石壁纸为空间装点出工业风的质朴色彩，也成为空间焦点，一路延伸至楼梯间。为考量屋主出国旅游所购买的收纳展示，在电视柜旁的墙面规划出一深度约 30cm，长约 2 ~ 3 米的浅薄柜体，并运用磁铁黑板漆木门作为活动滑轨门，左右移动，形成空间里的特色。

楼上的私密空间不但规划了主卧室、儿童房等，也考虑到未来的生活需求，例如为方便清洗孩子的物品或身体，或是发生同时要上厕所的情形，在楼上再规划出半套卫浴间。并利用梯间上方与主卧中间的过道畸零地，设计一间以灰玻璃做隔间的半开放式更衣室，集中放置屋主的大型物件及衣物。当夜晚到来，隐藏在楼梯上方的灯盒开启时，由上流泻而下的光带，通过材质反射穿透，为空间带来光影变化。

2

开放的客厅、餐厅及厨房设计，放大小空间的视觉效果。

3

在展示柜体，运用黑板滑轨门为空间营造出不同的生活面貌。

4

因为空间小，所以在玄关、楼梯及电视柜等放眼可见的地方都有收纳柜隐藏其中。

轨道拉门轻量化空间感

呼应屋主喜欢的工业风设计，将卧室墙面净白化，改用轨道门片设计，且门片刻意挑选斜纹木头拼贴材质，通过门片的开启或闭合，幻化出不同的空间面貌，也形成温暖的视觉跳色。

卧室

起居室

更衣室

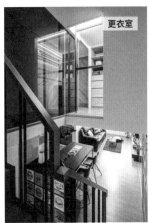

更衣室

活动家具增加空间灵活度

因为空间小，且顾及孩子尚小，在成长过程中需要大量的活动区域，因此除了收纳区采用固定规划外，其他所有家具，例如玄关柜、餐桌椅、沙发及茶几柜等，均采用活动式，以便视需求调度空间弹性。

半透明更衣室引导动线

为了孩子行走安全，二楼的廊道改以灰玻璃隔间做防护，并延伸至更衣室隔间，成为一半开放空间。当天花板照明开启时，光线洒下，不但让更衣室形成引导梯间动线的发亮光箱体，在玻璃材质的穿透及反射下，也为空间带来光影变化。

风格跨界，
舒适是生活
共通的语言

撰文：Jeana Shih
空间设计及图片提供：均汉设计

最甜蜜的空间战争

成家立业，本是人生中再重要不过的大事，只是刚成婚的男女屋主对人生的第一间房，各自充满了不同的期待与想象。男主人喜爱工业风的个性感，女主人则钟情于色彩甜美丰富的乡村风格。虽然同样都是上班族，男女主人生活中的习惯、爱好、对家的期待也各有不同。其中女主人平时喜欢下厨、裁缝、做做手工艺，偶尔也会把工作带回家处理，需要舒服的餐厨空间及一个有宽阔桌面的工作区域；男主人则刚中带柔允文允武，喜欢健身、阅读，对空间自然也有一套自己的舒适逻辑。

如果说婚姻并不仅是两个人的事，成就一个家，所必须兼容并蓄的则更多，且看设计师如何在居住者的异同之间找到空间的新平衡，又怎么将冰与火之间的美学差异消化融汇出全然新颖的居家设计理念；进退之间，每个细节都精彩可期。

户型图

198 m²

📍 北部 | 🏠 屋龄 15 年以上 | 🧍 夫妻

🏠 两室 | 🔨 混凝土、铁网、花砖、不锈钢、玻璃、空心砖、烧杉

靠近厨房的高脚长桌是出菜台，也
是女主人的厨房工作台；靠近窗户
的纯白长餐桌具有舒适方便的高度，
适合男主人在此阅读，空间与人与
家具看似壁垒分明却也协调融合。

以人为主，以光为辅，
为居家风格找到新平衡

　　一样米养百样人，同样是四堵水泥墙与天花板、地板，两个人就可以拥有千变万化的想法。室内设计师所要做的是，除了梳理屋主的喜好与生活习惯，更要彻头彻尾地掌握空间的优势，并在风格之外以更大胆的方式重新定义居住美感。而这些看似艰难复杂包山包海的任务，对均汉设计团队而言，则刚好让天马行空的创意有了发挥的舞台。

　　仿佛开启空间的序幕般，从天花板开始就有相当令人惊艳的设计，这里既不以线板造型做包覆，也不想完全裸露。拆除原来的装潢后，选用铁网修饰大梁，同时带有照明，让空间中不经意地展现亮度，网状立面也同时拉抬了高度。大块的粉、蓝、黄色以活泼的姿态呈现，这片带了个性与艺术感的抬头光景，正以印象派之姿让每个观看者在心中各自诠释。

　　公共区域包含了客厅、工作区和餐厨，恰好夫妻俩对电视没有太大兴趣，所以设置了可 360 度翻转的电视机架，同时联结了空间；去除原本的隔墙后，轻食吧台和用餐区让屋主夫妻既能在此各自忙碌，也能畅所欲言；书墙旁的入口通往屋主的私人领域，设计师赋予其丰富的功能性，健身、更衣、盥洗满足两人生活上的需求，保留既开放又有独立隐私的空间关系。

　　198m^2 的住所从技术上来说几乎拥有 300m^2 的运用规模，简约舒适的多元设计既可以个性粗犷也能细致温柔。成就一个家的重点从来不是风格，而是爱。

2 3

可 360 度翻转的电视机联结了
空间的互动性，每个角落都可以
是最舒适的观看位置。

4

六角砖不规则排列形成有
趣的墙面端景，同时具有
动线引导的暗示效果。

天花板

多彩造型天花板书写空间语汇

网状铁件折板的天花板造型，呼应原始的楼板和梁柱特质，也巧妙遮隐了管线，并在每个空间绘上专属色彩，再结合三种密度不同的铁网，既有帅气个性，也不失属于家的温柔。

墙面

亮色加持为空间增亮点

明亮的黄色收纳墙与六角砖相映成趣，在单纯质朴的色调中，勾勒出别具时尚个性的氛围。在一片水泥粉光色泽中，带来华丽的视觉亮点。

墙面

收纳区

健身房

收纳区

独立收纳间亦有展示效果

热爱阅读的两人可少不了大量的书籍收纳，设计师在紧临客厅的位置设置收纳空间，通透开放的整体空间通过适度规划提供强大的收纳功能，营造整理收藏的处所。

健身房

小型健身房提升屋主的贴切需要

紧邻卧室旁设立了简易健身房，金属栏杆看似刚硬却能和拼接六角瓷砖壁面相映成趣。

CHAPTER 2

无关风格，
Life Style 零装感思考

Less/Blank ｜ 留白美学
Simple/Pure ｜ 极简混搭
Nature/Texture ｜ 自然原材
Life style ｜ 个人风格

PART 1

Less / Blank

留 白 美 学

住宅，就像是一家人生活的缩影，关起门来，居住得舒适与否，只有自己最清楚。想要不被风格绑架，不妨回归家的本质，思考适合生活的基本需要，再从空间中减去复杂的装饰与表面浮华，还给家人更能自在休憩的空间。

减一分更美！
刚刚好的零装感学习

　　现代主义建筑大师密斯·凡·德罗的名言"少即是多"，意指客厅、餐厅、书房、卧室等的简化。空间中少了多余的家具或柜体线条，反而多了更多可能性。

　　事实上，强调减法生活的创意在北欧等国早已十分风行，日本甚至喊出居家空间断舍离的思考概念，然而许多人的顾虑在于：减少是否会造成生活上的不便？留白会不会少了空间美感和个性？在有限的空间里如何创造留白的视觉效果？其实所谓留白，其目的在于减少过于矫情的风格与多余装饰，过去许多人喜欢为自己的家定义某种风格，然而每个人都是无法复制的个体，当减法的概念植入空间，自然能依个人的生活习性衍生出最贴切的居住设计。至于如何优雅美好地留白，则需要在空间设计上做突破，不刻意留白有时能创造出给人无限想象的生活风格。

空间留白的设计技巧

1. **简化立面线条。**避免使用过多线板、装饰、造型线条，简化立面线条自然能带来放大效果。舍去了空间中琐碎的棱角，收复参差不齐的线条，宽广的舒适感自然流露，视觉感受也会因此而更显利落流畅。

2. **重整隔间，放大生活尺度。**是否真的需要独立的书房、独立的餐厅呢？拆除不必要的隔间，减少走道迎进充足的采光，居住者将能更轻松地在开放式空间中活动。抑或通过弹性隔间做出复合空间的规划，将客厅结合书房，或餐厅结合工作区、阅读区等，一个空间多样用途，视觉不再被屋内的门墙阻挡，自然能舒适自在。

3. **不做满的柜体让空间得以呼吸。**创造居家环境里舒适留白的空间，可以通过量体的轻量整合，来换取室内的开阔明亮。收纳柜、鞋柜并不需要做满整个墙面，让空间及视觉能自由呼吸，放大空间尺度，自然能有更舒适的室内立面。

4. **讲究舒适的色彩配置。**有些设计师在柜体选色上倾向与壁面色调一致，减少空间里量体在陈设时可能产生的视觉干扰，单纯以线条变化而非材质的改变做表现。若要在清淡色调之下增添暖意，也可以在单一色调之外从材质使用上做切换，像是选用木质的壁面与地板做铺陈，自然而然营造出家的温暖氛围。

Less / Blank
留白美学

简单的背景不简单的概念

空间是装载生活和物品的容器，用简
洁线条、隐形收纳，腾出最大空间，
目的是使有历史、有时间感、一件件
慢慢挑出来的家具成为焦点，从灰色
门柜壁面的背景中跳出。

⌂ 墙面

以简洁低调的收纳空间和壁面
作为家具的背景，彰显优适简
约的生活形态。

图片提供：本晴设计

图片提供：三俩三设计事务所

光洁墙面呈现质朴生活之美

卫浴间总是有太多瓶瓶罐罐需要收纳陈列，设计师一改墙面收纳的思维，腰部以上的墙面空间全面释放，需要的物品则收拢在触手可及的平台之内，留下素净墙面，还给生活宁静无压的氛围。

Ⓐ 墙面

素坯水泥粉光墙面仅有镜子与水龙头，少了繁复的陈列架，连呼吸都感到自由顺畅。

Ⓑ 收纳区

浴厕所需的瓶瓶罐罐及杂物皆收拢在腰部以下的收纳空间中，使视线保持清爽。

Less / Blank
留白美学

图片提供：本晴设计

通过功能把舒适还给空间

只是几十平方米的温泉度假屋，还是需要具备一定空间应付功能，但又想保留脱俗的空灵感，于是采用隐藏式壁床，睡醒往上一推就不占空间了，好整理收纳，不需为了现实妥协品位。

⌂ 功能

墙面的隐藏式床架，不用时能收拢，空间更好利用，室内视野更开阔。

不乏味的留白之美

卧室单侧墙面以全片透明玻璃建构，并在窗外打造植生墙，以绿景与自然光创造浑然天成的墙面艺术。房内无多余的家具摆饰，却能拥有看不尽的天空与自然生态，单纯却毫不单调。

⌂ 天花板

天花板与墙面仅以涂料、水泥方式处理，视觉上零负担，是完全无压的就寝空间。

图片提供：伍乘研造有限公司

图片提供：本晴设计

触碰自然的无添加大书房

整间屋子就是一个自然书房的概念，书架、书桌、唱片架分散在屋内不可拆除的墙柱角落，屋主不用油漆，并将所需功能降到最低，让屋外的绿意和微风能不受阻隔地充盈整个空间。

A 桌

以平台取代书桌，功能得到满足就好，装潢能少就少，回到居住原点。

图片提供：伍乘研造有限公司

绿色植栽为白色布局添暖意

秉持减法设计原则，设计师以清爽温润为基调，将浅灰、木料原色与白墙面互做搭配，不过多的色彩表现下，将餐厨空间的端景带出了不一样的层次。

Ⓐ 色调

温和色调达到放大空间的效果，简约调性成功替家创造了呼吸空间，亦重拾生活本质之美。

Ⓑ 绿植

吊挂植栽与木料家具柜门相得益彰，创造有温度的居家之美。

优势

垂吊而下的除了吊灯，还有浓绿植物，为空间带来生机盎然的活力。

少即是多的卧室设计哲学

若单纯把卧室定义为睡眠场所，那么空间里仅有床和光线是必要的。设计师利用暖色木材与全白墙面调配色彩比重，摒除复杂的陈设，以简单的配色技巧烘托卧室空间的舒适感。

△ 木质

留白不一定就是素面，利用刚硬金属线条与留白设计也能成功打造出留白设计感。

图片提供：伍乘研造有限公司

Less / Blank
留白美学

弯曲造型木桌椅，为立面横直线条做了完美平衡，让人一踏入这里便眼前为之一亮。

透白内装带出家的清新质感

不带任何彩度的白仿佛没有温度，却意外与草绿色地毯相应，为空间增添无比清新的韵致。沙发内玄机暗藏，整合扬声器功能，只要按一个按钮，再拉下屏幕，起居空间就能马上变身为专属私人剧院。

图片提供：Loft-kolasinski

净白底色带出清透端景

在结合工作桌、餐厅与厨房一气呵成的空间里，以白为基底，运用材质创造出不同层次的纹理。中央位置的造型桌既可以作为阅读之用，同时也是餐桌，无法归类的形状充满旋转动感，为清爽淡然布局留下视觉亮点。

△ 地板

以桌子为核心，在地上区域用白色大小六角砖铺陈，完全对应桌子的形状，是设计师充满心机的小巧思。

图片提供：均汉设计

图片提供：合风苍飞设计工作室

光线漫射为空间创造百变端景

别墅楼梯间回归原始，白色墙面与
洗石子阶梯的基本组合看似平凡，
却能捕捉太阳移动的痕迹，午后时
分是最适合欣赏的光景。

⌂ 楼梯扶手

紧贴壁面的扶手设计完
全简化了多余线条，创
造纯净美好的室内角落。

PART 2

Simple / Pure

极简混搭

总是为了改变而改变，为了风格而风格。但抹掉那些属于装潢的
"胭脂水粉"之后，你的家还剩下些什么？不妨从"心"思考居
住的本质，简化环境，同时简化自己。

卸除风格，回归生活本质，
简约素颜更美好

不少人在规划居家装潢设计时，习惯把自己喜欢的风格贴上别人、别的国度或民族的标签，忘了真正居住的自己有怎样的需要。三年、五年后看腻了也厌烦了家里的风格，只好再大兴土木……居家空间设计，不能只追求美感或是陷入风格框架，而要能符合居住者对生活的向往及期待。回归居住者本身的生活方式，调和简约设计与混搭，卸除不需要的点缀修饰，反而更能感受生活的自在。

极简混搭的技巧

1. **低限度的用材与设计**。打造零装感的居家空间，必须运用简化与混搭的两大原则，先去掉繁复的设计语汇与元素，以低限简约的用材为出发点，从细节的纯粹与自然质感着手，循序渐进地转化为空间符号，缔造出整体空间的流畅感与协调质感。

2. **简化装饰性物件以净空视觉**。空间想要看起来舒适通透，就必须弱化可能出现的线条与装饰，像是天花板与壁面单纯以涂料、水泥等材料做处理，造型简单利落，呈现清爽无负担的样貌。

3. **一物多用整并复合式功能**。空间中所有动线功能设计，不妨回归居住者的基本需求，从最精简的模式出发。很多时候，一件物品不会只有单一功能，是家具同时也可以是隔间墙；一张床可能还要兼具收纳、书桌用途等。借由这样复合式功能的整合，能让一种设计满足多种需求，空间用度也能得到更有效率的简化。

4. **光线与植栽是最恰到好处的搭配**。植物的自然特性最能在素妆空间中调和出生活况味，替环境增添生气。像是浴室通常湿气较大、温度偏高，通风采光偏弱，可选择耐湿植物，如多肉植物、羊齿类植物等；室外墙甚至可考虑大面藤蔓植物，创造出不同的生活景观。

5. **以定制陈设搭配极简线条**。当设计以内敛清简为基调时，若想适度衬托空间质朴风韵，并增添温暖的生活质感，可以考虑少量的定制家具，像是有型有款的沙发，能跳脱单调客厅，为空间做出个性化的注解；特殊照明或艺术品等，都能成为画龙点睛的亮点。通过家具陈设，也能展现居住者的品位。

Simple / Pure
极简混搭

大片色块搭出客厅个性

客厅中减去橱柜、摆饰，仅简约地保留一盏立灯、一组沙发搭配水泥粉光背墙。看似低调的浅灰调性，却能拥有随兴自在的空间个性，搭配织品地毯就能创造出百搭的生活风景。

🖼 墙面

大片水泥粉光墙保留黑、白、灰的色彩层次，朴拙之下最能烘托室内氛围。

🧵 织物

纯色的空间之下，简单点缀就能丰富空间，摆上喜欢的布偶、彩色椅枕就能塑造出属于自己的居家个性。

优势

沙发另一端是童趣横生的玩偶小灯饰，与粗犷的水泥色冲突却毫无违和感。

图片提供：二三设计

Simple / Pure
极简混搭

图片提供：二三设计

单色壁面搭配画作线条

单一颜色壁面就有放大空间视觉的效果，再加上简单、高雅的画作或是线板，即可创作出空间中的主要视觉焦点，单一纯粹却不单调乏味，反而能随着心情为空间变换各式心情语汇。

🏠 墙面

素雅单一壁面让居家也能变得像画廊一般高雅。

🏠 收纳区

简白的电视墙面，将平面电视内嵌其中，让立面线条畅行无阻，白色线板内则是储物的魔术空间。

简洁墙面有如风格艺廊

考虑到屋主平时有观看电影的喜好，因此改变既有的电视柜墙面设计，以一体性的白色作为投影设计，创造出视觉上的利落效果。

🏠 墙面 & 门

客厅电视墙联结房间门一体延伸性的设计，可以创造出小宅的开放效果。

🏠 玻璃

墙面下方以毛玻璃取代踢脚板，创造出墙面的视觉悬浮感，空间更轻盈。

图片提供：三俩三设计事务所

金属线条赋予墙面新观感

电视墙面除了着重规划收纳之外，还可以将电视与墙面整体一同规划，搭配些微不锈钢镜面边条联结，在留白韵味中又带有设计的时尚感。

Ⓐ 金属

简约不一定就只能单调表现，利用刚硬金属线条搭衬素面墙体，也能成功展现设计感。

Ⓑ 地板

搭配墙面材质，地板以人字拼的方式展现木纹质感，再搭配彩度丰富的地毯，简单而随兴。

图片提供：本晴设计

灰阶色调的静好生活

贯彻极简、少物哲学，连窗帘、空调都舍弃，仅用悬吊的减量水泥墙隔间，设计师刻意拆除门墙，让十九楼的空气和光景在空间中自由流通。

△ 空间

开放式空间空出家具的位置，让室内仅留舒适自在。

△ 地板

清水模地板不加修饰的原色纹理，在空间中成了最美的艺术品。

拆除中岛门墙空间更通透

受限于原始配置，无法将一字型厨房改成中岛，因此将厨房的门及墙拆除，与餐厅墙面串联一气，一路从电冰箱、电器柜、水槽、操作台到灶具，设计成超长的"一"字形厨具，整合功能与收纳，保留 110 cm 宽敞的动线，让全家人可以享受一起烹饪的生活乐趣。

△ 厨房

将厨房功能整合在一侧，保留宽敞的动线，让全家人可以在厨房一起做饭。

ⓐ 地板

用地坪及天花板吊灯、轨道灯取代隔墙，同样能有界定厨房与餐厅区域的功能。

图片提供：聿和空间整合设计

图片提供：乐沐制作

将鞋柜变身为植物墙

将需求减至最低的低调餐厨空间里，就着窗边的自然光线，用简单的素绿色墙面，搭配木家具与绿色植栽，形成了简约而极其自在的端景；略高的吧台伴着马赛克砖，在绿意中带来十足的居家生活感。

🏠 墙面

搭配自然光线，墙面单一色系的选搭塑造着空间的语汇，不需太多装设就能平添生活的朴实味。

把无印良品屋带回家

屋主欣赏无印良品清爽简约的设计风格，因此委托设计师规划。通过精密的测量计算出所需的组合橱柜层架安排及家具等平面配置图，再交由屋主向厂商订购，完成饶富日式极简风的盐系无印之家。

🏠 风格

完成硬件隔间后，再利用无印良品的家具家饰建构出日式现代风格。

优势

先仔细测量所需尺寸再选购适合家具，更能符合需求。

图片提供：聿和空间整合设计

裸式简约居家流露适意生活感

以黑色铁件支撑玻璃框架作为与客厅起居空间的区隔，可 180 度旋转开窗的功能，恰到好处地为空间创造光与风的良好过道；拆除了多余的天花板，重整管线端景，简约中仍有鲜明的设计基调。

🅐 地板 & 墙面

无接缝的仿清水模地板与墙面相互呼应，维持空间的纯度，让视角全面聚焦于铁件方窗，流露出古典宁静的气息。

优势

浓绿色植栽为空间增色，让端景有了更软性的生活语汇。

PART 3

Nature / Texture

自 然 原 材

有句广告金句是："自然的，比较好。"这与零装感居家概念不谋
而合。想想看，放眼家中，有多少繁复的设计立面与线条对实际生
活造成干扰，甚至成为莫名的压力源。

让材质回归纯粹，
创造无压的空间视野

简单朴素并非无所要求，而是以忠于材质的手法做设计，自然挖掘且发挥空间的纯净魅力。还原空间纯粹质地最直接的方式，就是通过天然原始的建材来呈现。然而大地造物千变万化，自然素材中，有些清新素雅仅有色彩明显的细微落差，有些则材质纹理分明，更有斑斓鲜艳的原矿奇石。在材质选搭上同样有不少诀窍。

以自然材质衬托空间的技巧

1. **去除繁复回归天然原貌**。材质使用在室内设计中一直是重要且基本的环节，不同的素材可以创造素净感，也能打造奢华风。一般而言，如遇到大面积的壁面或地板，不妨消除纹路与缝隙，例如以低反光的树脂砂浆制成涂料处理壁面与地坪，为空间画出框架；其无缝隙质感也能让整个居家空间干净纯粹。

2. **木、石材质的选用窍门**。木素材自然而温润的质感，以及可塑性高的特性，往往是室内设计最普遍运用的建材，其中白橡木淡雅清爽、低纹路的特色与零装感居家气质相似，是适于使用的选项；胡桃木、榉木纹理鲜明，则适于小区域搭配平衡视觉。经喷漆上色处理后，能强化材质本身的样貌，但也可能增加整体视觉的负担。至于石材纹路、光泽与色泽的变化更凌驾于木材之上，众多选择因人而异，素面石材能烘托出环境的宁静自在；纹理丰富的石材则能塑造空间特质，但运用时仍以小面积调和为佳。

3. **异材质选配创造空间亮点**。朴实无华有时容易流于单调，砖材、铁件及其他材质则能做出简单的平衡。单面墙面文化石砖能带出空间中的重心，适用于电视墙或单一面墙，更能增加室内的视觉温度。只是文化石砖堆砌容易出现较细密的线条，最好能与其他材质搭配，或选用接近天花板、地板的色系。

4. **适度引光入室点缀生活情趣**。居住者的生活空间与设计皆是人与自然的延伸，一个理想的舒适居家空间，不光是素材与造型，若能直接以大自然的阳光绿意做装点，更能为空间描绘明亮清新的风景。当设计回归空间本体，解决采光问题，自然就能塑造出家的原貌，不需要过多材质搭配，因为光线就能彰显空间的立体感。

淡调味的零装感餐厨空间

餐厨区以仿若裸露的水泥墙面带出零
装感的质感，选用杉木实木板，通过
相间色调的跳色处理，界定用餐空间
的氛围，同时调和了水泥的冷调粗犷，
软硬材质得到恰到好处的平衡。

🅐 墙面

水泥粉光墙面的介入，提供视觉暂息
的转换与留白，更能突显样态丰富的
木纹肌理与线条花砖的基本美感。

🅑 地板

六角花砖搭配松木地板略显低调，却
能让空间拥有更多层次。

优势

材质的天然纹理比任何装点物都
来得更美，空间即使素颜依然楚
楚动人。

Nature / Texture
自然原材

大理石纹理创造舒适小窝印象

以含浸过的色纸与牛皮纸层层排叠，再经由高温高压压制而成。产品具有耐高温、耐高压、耐剐、防火等特性，成为整片留白墙面的视觉焦点。

A 墙面

素雅纯净的空间中，不需要过多装饰，巧妙运用材质即可体现视觉魅力。

图片提供：二三设计

图片提供：Loft-kolasinski　摄影：Karolina Bak

纯然放松的疗愈 SPA 和就寝区

开放式的卧室格局，沐浴区不做任何门片，亦无区域界定。混凝土浴缸仿佛艺术品，与抛光橡木定制床相得益彰，赋予空间不同气质，借此打造出沉稳且静谧的卧室氛围。

🔺 光线

以地上光源取代自高处照亮的设计，为卧室营造宁静不受影响的睡眠环境。

Nature / Texture
自然原材

图片提供：乐沐制作

活动格栅创造光影层次

阳光本身是非常有温度的存在，在空间中往往随着时间变化创造出形体不一样的风景。因此利用阳光创造多重渐层形态，成为零装感设计很重要的设计手法。这里便是利用活动木栅营造光打在墙面或地上的不同阴影，创造出室内活泼的端景。

🅰 屏风

活动式木质屏风格栅调整光影，让空间有了动感的变化。

朴拙材质流露自然生活

采用大量的石、木、金属、混凝土等材质，尽量维持老屋的语汇，不在建筑上加太多新的设计造型。简约质朴的氛围下，再添加些许阳光，就成功营造出属于家的原味。

🅰 墙面

尽可能减少墙面与地面的覆盖材质，以半裸塑造出质朴纯净的生活氛围。

图片提供：合风苍飞设计工作室

图片提供：乐沐制作

将鞋柜变身植生墙

将需求减至最低的低调空间里，顾及生活
功能，因此将鞋柜的门板改为孔洞，插入
木栓，变身为挂钩，可以挂外出穿的衣服
或袋子、帽子等，甚至还可以吊挂绿色植
栽为点缀，为空间营造一点绿意。

A 绿植

柜体门片打孔做可
插销式设计，挂绿
色植栽营造乐趣。

PART 4

Life style

个 人 风 格

你想让房子变成什么？人们从出生、成长、学习到结婚、生子……
有形无形中，都受到家的影响。每个屋主在房子装修前都应深深
思考自己所需要的，并向其中注入属于自己及家人的个性。毕竟如
人饮水，冷暖自知，打造忠于原味的家，才能让一家人长居久住。

自己喜欢，有何不可？
创造有个性的居心地

　　想通过陈设与家具的细节，展现居住者的生活方式，就得让空间回归居住者本身，让生活的本质成为设计的出发点。在环境中关注自己的兴趣爱好，才能让生活点滴转化成属于自己气息的居家品位，空间也才能因此变得有趣且有意义。

将个人特质融入空间设计的技巧

1. **选搭家具打造独特亮点。** 家的空间质感除了通过建材表现外，家具也是重要影响因素。一件兼具造型与质感的家具，能为空间制造亮点，也能展现出居住者个人的品位。该如何挑选？其实，除了一般经典系列家具外，摆脱制式化设计的手工定制家具也是不错的选择。专属定制不仅能依循个人需求定制最符合空间调性的家具，更重要的是能展现工匠精致的手工技艺。

2. **简单软装依喜好做变化。** 家饰等软装元素，其实也可以在空间中起增强协调性或是画龙点睛的作用。以木质调居家空间为例，在兼顾空间陈设调性的前提下，以少量披毯、抱枕、地毯等织品点缀其中，能增添空间质感的温度；按照自己的喜好做搭配，也能创造出与众不同的空间氛围。

3. **独特灯饰塑造家的质感。** 功能性与情境式照明，是转换屋内气氛与提升空间质感的最佳物件，同时也最适于塑造属于自家的风格。特别是单一公共区域餐厅、阅读区或是走廊照明，善用灯光调性调和空间，更能增加视觉层次。光线颜色的选择及位置安排，以及灯具的造型及材质，都能为自己的家打造出独一无二的空间辨识度。

4. **收藏品绝佳使用。** 想要聪明地打造出能表现屋主个性的家，莫过于在居家陈设中保留属于自己的味道，取代购买现成的家饰装点墙面；不仅省钱，还能为墙面创建独特的个性。设计师必须和屋主沟通，先了解收藏品的特性、数量与样貌，才能依其形状线条、材质特点，找到适当的设计语言延伸至空间中。

5. **创造能联结家中成员的趣味陈设。** 从家中居住成员需求与生活爱好出发，能让居家生活变得更有趣！若家中有学龄前的小孩，可借助趣味设施如吊床、滑梯等，增进亲子情感之余也让空间有了亮点。而家中若是有宠物，如猫，也可以在既有空间增加适合猫咪游戏玩耍的设计。任何功能都能为家打造属于自己的特色。

圆与直交织的竞速工业风格

轻彩度的家具陈设，为灰阶空间带出明亮主题；加上屋主爱好露营，极具趣味的吊床，也为空间增添互动的趣味性与惬意的生活感，成为家中独一无二的标记。

Ⓐ 窗

水泥粉光墙面的介入，提供视觉暂息的转换与留白，更能突显样态丰富的木纹肌理与线条花砖的基本美感。

Ⓑ 光线

细线型吊灯搭配木质餐桌，十足地表达出全家共餐的温馨情景。

优势

吊床作为餐厨与客厅的界定，富有趣味；折叠露营椅取代单椅，更是把野外露营的自然风情搬进了家里。

图片提供：两册空间设计

图片提供：三俩三设计事务所

回忆小时生活空间的纯粹

从小生活的老宅在举家迁移后就没有再回来过。长大成人后老宅变成自己的生活空间，那小时在此生活的童趣，就用跳格子来回忆吧。

A 童趣

简单的水泥配上纯白色线条，简洁又能感受到其强烈的内涵。

优势

仿佛小时候在地上涂鸦般，看似调皮捣蛋实则意义非凡。

墙面爬满周游列国的回忆

由于屋主热爱四处旅游，每到一个地方便留下当地的饭店房卡做纪念，设计师在其单身套房中摒弃多余装饰，单独设计了造型铁管，铁管上有凹槽放置房卡，空间也像一本专属于屋主的立体游历日记。

🅐 装饰

沿墙面顶天设置的铁管，不仅是装饰，更是主人的生活纪实。

图片提供：明代设计

图片提供：乐沐制作

把墙面当画布营造个人风格

以画布为概念着色，将想呈现的空间重点作为主轴，大胆地铺陈在墙面上，像是蓝紫色的墙利用一盏造型书架、设计壁钟、壁贴地图、磁铁黑板等，再以点缀式的小物件如绿色盆栽、书画或家具做衬托的绿叶，带出空间的整体风格。

Ⓐ 墙面

在紫蓝色主墙上，独具设计感的白色格架及钟成为视觉焦点。

大胆跳色创新空间格调

利用家具和装饰品做出空间风格是很多设计师会采用的手法，然而本案中的设计师突破模式，依屋主个性喜好，大玩墙面跳色游戏，让灰、白空间中多了视觉重点，同时让原本狭窄的端景多了视觉放大的效果。

Ⓐ 墙面

墙面上的海军蓝线板以不同材质拼搭，斜凹线的细节处理让这片区域活泼而不失沉稳。

图片提供：二三设计

图片提供：聿和空间整合设计

空间中融合信仰，让居住充满能量

屋主是虔诚的基督徒，因此在规划住宅风格时，希望能将信仰幻化成空间的一部分。于是利用从玄关阳台一进门的白色电视墙面一侧，以内凹一处灯带，搭配铁件十字架造型，形成视觉焦点。

优势

白色电视墙上以铁件构成的十字架，正好与阳台窗框相呼应，成为空间中有趣的联结。

横贴白色瓷砖营造治愈风小厨房

不一定要贴满整面墙，运用典雅的巧克力瓷砖，仿照传统的砖墙排列工法，并涂以水泥灰色填缝剂，与不锈钢厨具台面完美混搭，在自然光线之下自然带出专属于屋主味道的治愈风厨房。

Ⓐ 厨房

15cm×7cm 的长形白色巧克力砖加上灰色填缝，让厨房白色墙面有了更丰富的立面视觉。

图片提供：聿和空间整合设计

是单杠也是抢眼的玄关照明

为了满足屋主在家里客厅拉单杠的愿望，又不造成视觉不协调，设计师打造出特别的玄关。抬高的天花板，将单杠与灯具结合，金属管内埋藏定制的铝挤型 LED 灯条，不怕用起来烫手。

Ⓐ 光线

空间照明一物二用，即使个人风格强烈也不显突兀。

图片提供：工一设计

图片提供：乐沐制作

斜切书柜造型形成视觉墙

空间的主角是人，因此以屋主本身喜好及需求为出发点，整合才能带出零装感的设计风格。像此屋主爱狗，因此将白色书柜以斜切方式形成一半裸露的书墙，放置屋主与狗的照片，形成特有的风格。前置的书桌结合餐桌，可视需求分开使用。

书柜

纯白空间里，书柜斜切门片并露出原木层板的创意造型，不仅为端景焦点，更为生活增添趣味。

CHAPTER 3

我要我的零装感
百搭风格设计单品

| 沙发 | 椅＆凳 | 餐桌＆椅 |

| 室内照明 | 居家收纳 |

| 家饰杂货 |

ITEM
Sofa
沙发

　　沙发，不仅作为休憩之用，更在零装感的空间中扮演了画龙点睛的灵魂角色，塑造了公共空间的风格与氛围，也往往是客厅中的视觉焦点。选购时除了选择符合空间及全家人需要的尺寸、材质外，也可视居家风格搭配，创造符合个人特质的空间亮点。

Rolf Benz 沙发

来自德国盛产优质木材的黑森林区的沙发品牌 Rolf Benz，不仅可视需要进行多元组合，简约的线条还能诠释出属于家的舒适质感。图片提供：D&L 丹意信实集团

Gramercy Park 沙发

品位主义至上的纽约 Gramercy Park 沙发系
列，皮革材质或天鹅绒面料沙发在金属色彩
的闪耀点缀下，营造出低调奢华的都会质感。
图片提供: Crate and Barrel

荷兰古典庄园天鹅绒双人沙发椅

来自阿姆斯特丹的品牌 Pols Potten 以
简单的线条轮廓，搭配典雅祖母绿，
100% 天鹅绒布细致的柔软触感与光
泽，能为室内创造闲静舒适的栖息角
落。图片提供: 玛黑家居选物（Marais）

Aspen 沙发

以美国雪景度假胜地
Aspen（亚斯本）演绎出
西方风格与生活风景，
通过米白色系沙发组，
强调回归"家"的原点。
图片提供：Crate and Barrel

Wilmette 沙发

强调闲适，设计采样于
美国城市近郊 Wilmette
（威尔米特）区域的慢
生活步调，以温润质材
与配色诠释生活感。图
片提供：Crate and Barrel

Papadatos-FEEL 沙发

来自欧洲工艺，以优美柔和的线条、适当的比例与简约优雅的
造型为要素，精心呈现沙发本身的简约美感，塑造家的品位个
性。图片提供：Papadatos 台湾区授权代理 — 朕玺国际（ZX LIVING）

Rolf Benz BACIO 沙发

追随德国包豪斯主义浪潮，以简练线条
诠释沙发的贴切风格，沉稳的色调与精
致的细节处理，展现舒适生活态度。图
片提供：D&L 丹意信实集团

Rolf Benz TIRA 沙发

轻盈而精巧的衬料工艺可以让任何坐姿
都能感受到完美的舒适度。创新机械功
能更能视个人需要调整至最舒适放松的
位置。图片提供：D&L 丹意信实集团

Chair & Stool
椅 & 凳

　　客厅中的单椅又称"主人椅"，通常是家中招待客人时属于屋主的区域，可以是单一的沙发，也可以是造型设计独特的椅子。主人椅文化最早出自英国，通过专属于屋主的椅子，可以看出其喜好的风格与美感。通常单椅和家中沙发在材质和造型上要有对比和反差，才能营造出空间立面的视觉效果。

法兰西休闲椅(France Chair)

拥有丹麦设计特色，具有宽阔如圆盾的皮质椅座，雕塑形式的木工结构，百搭于任何室内空间。图片提供：北欧橱窗

公牛椅(OX Chair)

金属与皮质荟萃的人文质感，肩颈与扶手的特殊设计赋予单椅更多个性语汇，为空间带来优雅沉稳的气质。

图片提供: D&L 丹意信实集团

兔子椅(SANAA)

适于东方人体形的设计，左右不对称的双耳椅背格外吸睛，无论放在玄关当作穿鞋椅，或是轻巧地带到沙发旁，都能为室内增添童趣的端景。图片提供: 北欧橱窗

白桦扶手椅 41 号

层叠曲线白桦木构成的循环是扶手同时也是椅脚，能稳妥地支撑每个坐在上面的人。纤薄的木片椅背椅座能在视觉上给人通透清爽的感觉，天然木料的弹性更是能减轻久坐的负担。图片提供：北欧橱窗

大钻石椅

意大利出生的美国艺术家 Harry Bertoia 设计的大钻石椅（Large Diamond Chair），以钻石切割面为灵感，结合高明度色调，是兼顾轻巧、结实与舒适的椅子。图片提供：D&L 丹意信实集团

Adelaide 单椅

圆弧线条与木质椅脚的经典之作，符合人体力学的椅背高度及软硬适中的椅垫，坐感舒适，没有折角的设计充分展现了适意简约的生活气息。图片提供：北欧概念（BoConcept）

Papadatos 沙发单椅

希腊国宝级品牌 Papadatos 沙发单椅，
零直线零角度的圆润椅形设计，增添坐卧
的慵懒舒适感受。图片提供：Papadatos 台湾
区授权代理 – 朕玺国际

Model 45 Chair 休闲椅

由各种不同的垂直与平行的交错线条组成，椅框细
节中创造不凡的视觉感，是丹麦设计师 Finn Juhl
的设计中最为经典的代表。图片提供：北欧橱窗

Rolf Benz 单椅

独特材质搭配细脚式单椅，拥有精细的饰
边与雕塑似的造型，让它在生活空间中充
满艺术气息。图片提供：D&L 丹意信实集团

ITEM

Dining Table & Dining Chair
餐桌 & 餐椅

　　餐桌、餐椅组合在餐厅中往往占有十分核心的位置，餐桌的选择往往决定了餐厨空间的风格主轴，餐桌比例不对，不但不好使用，也会让空间因此有过大或过狭小的影响。餐桌与餐椅的搭配除了设计风格与材质、色系外，还须注意尺寸与人数的配合，根据需求寻找适合的餐桌、餐椅。

BUNNY 彩色木作餐椅
泰国新锐设计品牌 Curio 的单椅作品，座椅大小合宜、饱满舒适，椅背舒适地包覆腰背，可以让人感受到不易左右晃动的坚实感。图片提供：玛黑家居选物

Aspen 系列家具

美式品位家居 Crate and Barrel 汲取 Aspen 的灵感，具有丰富生活感的朴拙曲线，从餐桌打造乐拥生活的居家美感。图片提供: Crate and Barrel

Air Armchair 扶手椅

全世界第一张采用气体辅助射出成形的椅子，质轻省料且价格亲民，有型有款线条圆润时尚，为空间增添活泼无拘束的生活情调。图片提供: 北欧橱窗

Rolf Benz 餐椅

有品位并对现代生活风格
有独特想法的居家最佳的
家具选择，它静静地满足
了每个人对舒适的真正需
要。图片提供：D&L 丹意信实
集团

Rolf Benz 餐椅

打破常理的扶手椅，令人
为之振奋的颜色与材质结
合，使它成为空间的亮
点，基座设计给予自由移
动性。图片提供：D&L 丹意信
实集团

Interior Lighting
室内照明

照明与室内的亮度息息相关，用以补足自然光线的不足之处，简约的居家空间照明必须以看了不刺眼为原则；然而不刺眼并不等于灯光昏暗，因为昏暗的灯光会使眼睛疲劳，有亮有暗的亮度调节，才能达到照明效果。功能之外，各式灯具造型也能赋予零装感的设计更多选择。

Iride 壁灯

与其说是灯具，Iride 壁灯更像是光的艺术品，以几何圆形与金属交织，圆形光盘创造出仿若日食的光晕，让空间流露出浪漫微醺的氛围。图片提供: Arketipo 台湾区授权代理 – 朕玺国际

冰块灯

来自北欧的经典设计，在冰块中呈现光的温暖，创意巧思让人一眼难忘，充分展现玻璃工艺、光线变化以及心灵创意之美，也呈现简约利落的力度美感。图片提供：北欧橱窗

Terho 橡果吊灯

取材于自然森林精神，表现出芬兰设计的纯粹、简洁和洗练。素雅的灯罩色泽，布满桤木纹理，毫不掩饰自然的本质，让人感受北欧的永续工艺之美。
图片提供：北欧橱窗

VP Globe 吊灯

以地球为灵感而生的球体设计，透明的球形框架下，搭配内部五片金属屏蔽，宛如在无重力的空间飘浮，蓝、白、红三色辉映，无法轻易定义它的色彩调性，兼富冷调和温暖的多重氛围，是零装感设计的绝佳搭配。图片提供：北欧橱窗

Swan 吊灯

La Chance 的 Swan 吊灯，设计灵感来自于芭蕾舞演员翩翩起舞的身影，整体风格简约时尚。柔美晕黄的光线，能营造温暖动人的氛围，让屋内空间更显高雅。图片提供：La Chance 台湾区授权代理 — 朕玺国际

Home Storage
居家收纳

　　随着开放式室内设计的普及活用，收整家中杂物的各式收纳，也更隐形便利，目前暗柜、暗门式或能一物多用的收纳设计最受欢迎。而收纳的考量不仅在于收纳物件的形体及数量，收进哪里也很重要，基本上"顺手的收纳"当属最有感无压的收纳理念。

图片提供：PIURE 台湾区授权
代理－朕玺国际

MESH LIVING 壁柜

德国科隆家具展所新推出的 MESH 系列，
设计简洁优雅，将美感蕴含于细节之间，
获得过许多设计奖项。图片提供: PIURE 台
湾区授权代理 — 朕玺国际

Oxford 床组收纳柜系列

以卧室收纳衍生出的系列收纳柜，
沉稳的木质柜体搭配浅色橡木框，
取材自然的质感最能展现零装感家
屋本色。图片提供: Crate and Barrel

Copenhagen 收纳系列

每个人的收纳需求各有不同，Copenhagen
兼具功能性、灵活性和美观等优点，能自由
组装变化，视需要量身定做出最适合的收纳
空间。图片提供: 北欧概念

MESH LIVING 收纳斗柜

来自知名设计师 Werner Aisslinger 的作品，以穿透感为设计元素，无论是运用染色玻璃、穿孔式隔板或开放式造型，皆可依照个人需求调整，实现 Life style 的个性生活风。图片提供：PIURE 台湾区授权代理 – 朕玺国际

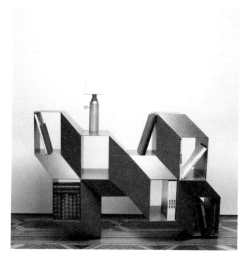

Rocky 书柜

黎巴嫩知名设计师 Charles Kalpakian 玩转 3D 效果，创造极具视觉张力与特色鲜明的造型书柜。棱角分明与雕塑品般的强烈线条感，巧妙玩转变化我们对空间与体积的认知。图片提供：La Chance 台湾区授权代理 – 朕玺国际

Lugano 收纳系列

时尚、优雅和别具一格的 Lugano 收纳柜，有多种色彩柜体作为选择，不仅能轻松解决收纳需求，更能依照喜好组配不同的门片或柜体。图片提供：北欧概念

Furniture Accessories
家饰杂货

如果说空间是形体，那么在简约风格中，家饰杂货的引用则为其中的灵魂，最能展现屋主的个性，特别是客厅区、餐厨区的用品、织品。画龙点睛的家饰能让原本素雅的空间，有十分立体的视觉效果。

Marie 家饰系列

传统斯堪的纳维亚风情的印花图样，结合经典北欧设计元素，不论织品或家饰，缤纷用色和线条与简约风格完全搭衬。图片提供：Greengate

Takato 抱枕

浮雕般纹饰的 Takato 抱
枕，传承印度细致刺绣工
艺，通过不同面料与装饰
设计的抱枕恣意搭配，营
造出温暖的空间风格。图
片提供：Crate and Barrel

Lux 餐碗盘系列

极简零装感呈现纯粹材质
之美，不规则盘缘内饰以
金色或银色光泽，低调中
略显华丽的设计，让每个
用餐时刻都显得不凡。图
片提供：Crate and Barrel

中田窑

"小器"中田窑系列，以传统的釉下
彩技巧手工上釉，使得食器呈现温润
的手感，相较瓷器更好保养。图片提
供：小器生活道具

la Fleur 餐具

la Fleur 系列餐具，日本陶艺家
鹿儿岛睦的作品，以清新配色搭
配简单画风，展现零装感生活的
单纯之美。图片提供：小器生活道具

湛蓝 Fleur 花卉与 Kallia 餐具

线条利落、排列规律的湛蓝 Fleur 花卉与 Kallia 餐具，
刻画出对生活细节的执着与认真的态度，看似平凡的
日常，也因为精准的品位呈现极大的美感。图片提供：
Greengate

大好吉日流域饮器系列

使用陶土与釉药烧制，萃取当地
人文风情，感性表达本土特色，
质朴无华的设计能自然地在生活
中被使用而非束之高阁。图片提
供：两个八月

风格好店

\\\\\ D&L 丹意信实集团

D&L 丹意信实集团成立于 1986 年，为台湾率先引进欧洲居家精品的企业集团之一。目前 D&L 丹意信实集团旗下所代理的主要品牌包括来自丹麦的 Bang & Olufsen 与 Louis Poulsen，德国的 Rolf Benz、Ruf ｜ BETTEN 与 Parador，并于台北、台中、台南与高雄等地设有三十个品牌直营门市。

\\\\\ 北欧橱窗

北欧是全球最幸福的区域之一，北欧人不把流行时尚看得太重，但愿意把居家与生活的设计摆在第一位。北欧橱窗秉持"窥见北欧深度价值，放眼全球美学设计"的品牌理念，以方便的网络购物与百货门市多元通路，将北欧设计哲学带入台湾，为人们开启一扇美学生活之窗。

\\\\\Crate and Barrel

来自美国芝加哥的简约当代风格家具家饰领导品牌，提供全球独特设计与高质量商品，并以充满惊喜和灵感的购物环境而闻名。以亲切专业的销售顾问、别出心裁的设计商品和高规格的店装陈设，为人们带来精彩丰富的生活品位。

\\\\\小器生活道具

于 2012 年 5 月成立第一家实体店铺，展示的是生活中的主角——生活道具。借由介绍日本目前已经成熟的工艺／民艺等生活道具，让人们得以直接使用商品，了解生活道具的手感与质量，也逐渐开始开发属于中国台湾的原创商品。

\\\\\ 创空间(Creative CASA)

创空间的创立出发点始于一场穿梭意大利巷弄的华丽冒险。身在意大利，可以发现自己随处都被美丽事物围绕。创空间集合意大利中高阶精品家具，以"负担得起的奢华"，传递精致细腻的品位风范。

\\\\\ 两个八月

对设计的热爱如同八月太阳一般炙热，因此成立"两个八月创意设计"，坚持将生命与感动融入创作，让设计本身去感动人们；借由各式各样的媒介寻求人与设计之间的可能性，让两个八月有自己独特的世界观与设计风格。

\\\\\ 朕玺国际有限公司(ZX LIVING)

ZX LIVING 以代理国际知名设计师家具为主，目前主要代理法国品牌 La Chance，另外还代理德国品牌 PIURE、希腊品牌 Papadatos 及意大利品牌 Arketipo 等，他们希望引进创意、高质感的家具，提供给客户不同角度思考生活美学，品位优雅生活。

\\\\\ 玛黑居家选物(Marais)

玛黑家居选物由来自不同领域、对美丽事物抱有相同热忱的成员组成。因为对不同独特设计的喜爱，他们期望打造一个以美为最高原则的购物网站。从细微的感动出发，通过来自世界各地的好设计，传递最直接而纯真的品位温度。

\\\\\ **特力集团**

致力于构筑全球整合型
企业,以 30 多年对外
贸易实务经验为基础,
为世界各地的知名零
售卖场供应物超所值的
货品,并且跨入零售通
道经营。旗下包括特力
屋、HOLA 特力和乐、
HOLA CASA 和乐名品
家具、HOLA Petite 等
品牌,提供各项居家生
活相关商品及服务。

\\\\\ **Greengate Taiwan**

丹麦的时尚家居品牌
Greengate,将传统斯堪
的那维亚印花图样与经
典北欧设计元素完美结
合。旗下产品有餐具、下
午茶具、咖啡杯具、家居
饰品、寝具织品、文具收
纳、居家香氛等。

\\\\\ 北欧概念(BoConcept)

Bo 在丹麦语为"生活"的意思，BoConcept
便是生活的概念。来自丹麦的家具家饰品牌
BoConcept，期待让热爱生活的人通过美好
的设计享受每一个日常时刻。

BoConcept®
北歐概念

\\\\\ 优居选品(URBAN GALLERY)

优居选品旨在传递一个简单的信息：谈环保，可以从认识生活物件开始。以绿色议题为核心的意识选
品，尝试去发现物品更多被使用的可能性并推行其永续的价值，与品位契合的消费，才可以跟随人们
更久。

图书在版编目（CIP）数据

就是爱住零装感的家 / 漂亮家居编辑部著. -- 北京：
北京联合出版公司，2020.5

ISBN 978-7-5596-3885-4

Ⅰ.①就… Ⅱ.①漂… Ⅲ.①住宅 – 室内装饰设计
Ⅳ.①TU241

中国版本图书馆CIP数据核字（2020）第012263号

北京版权局著作权合同登记 图字：01-2019-7068号

就是爱住零装感的家

作　　者　漂亮家居编辑部
责任编辑　牛炜征
项目策划　紫图图书ZITO®
监　　制　黄利　万夏
特约编辑　曹莉丽　孙建　牛雪
版权支持　王福娇
营销支持　曹莉丽
装帧设计　紫图装帧

北京联合出版公司出版
（北京市西城区德外大街 83 号楼 9 层　100088）
天津联城印刷有限公司印刷　新华书店经销
字数 120 千字　710 毫米 ×1000 毫米　1/16　13 印张
2020 年 5 月第 1 版　2020 年 5 月第 1 次印刷
ISBN 978-7-5596-3885-4
定价：69.90 元